U0245013

国家出版基金项目
NATIONAL PUBLICATION FOUNDATION

A Genealogy of Industrial Design in China: Exploration of Theories

工业设计中国之路
理论探索卷

曹汝平　著

大连理工大学出版社

图书在版编目(CIP)数据

工业设计中国之路. 理论探索卷 / 曹汝平著. -- 大
连：大连理工大学出版社，2019.6
ISBN 978-7-5685-1954-0

Ⅰ. ①工… Ⅱ. ①曹… Ⅲ. ①工业设计—中国 Ⅳ.
①TB47

中国版本图书馆CIP数据核字（2019）第060498号

GONGYE SHEJI ZHONGGUO ZHI LU
LILUN TANSUO JUAN

出版发行：大连理工大学出版社
　　　　　（地址：大连市软件园路80号　邮编：116023）
印　　刷：深圳市福威智印刷有限公司
幅面尺寸：185mm×260mm
印　　张：11.5
插　　页：4
字　　数：262千字
出版时间：2019年6月第1版
印刷时间：2019年6月第1次印刷
策　　划：袁　斌
编辑统筹：初　蕾　裘美倩　张　泓
责任编辑：初　蕾　张　泓　裘美倩
责任校对：仲　仁
封面设计：温广强

ISBN 978-7-5685-1954-0
定　　价：198.00元

电　话：0411-84708842
传　真：0411-84701466
邮　购：0411-84708943
E-mail：jzkf@dutp.cn
URL:http://dutp.dlut.edu.cn

本书如有印装质量问题，请与我社发行部联系更换。

编委会

总序

　　面对西方工业设计史研究已经取得的丰硕成果，中国学者有两种选择：其一是通过不同层次的诠释，理解其工业设计知识体系。毋庸置疑，近年中国学者对西方工业设计史的研究倾注了大量的精力，出版了许多有价值的著作，取得了令人鼓舞的成果。其二是借鉴西方工业设计史研究的方法，建构中国自己的工业设计史研究学术框架，通过交叉对比发现两者的相互关系以及差异。这方面研究的进展不容乐观，虽然也有不少论文、著作涉及这方面的内容，但总体来看仍然在中国工业设计史的边缘徘徊。或许是原始文献资料欠缺的原因，或许是工业设计涉及的影响因素太多，以研究者现有的知识尚不能够有效把握的原因，总之，关于中国工业设计史的研究长期以来一直处于缺位状态。这种状态与当代高速发展的中国工业设计的现实需求严重不符。

　　历经漫长的等待，"工业设计中国之路"丛书终于问世，从此中国工业设计拥有了相对比较完整的历史文献资料。本丛书基于中国百年现代化发展的背景，叙述工业设计在中国萌芽、发生、发展的历程以及在各个历史阶段回应时代需求的特征。其框架构想宏大且具有很强的现实感，内容涉及中国工业设计概论、轻工业产品、交通工具产品、重工业装备产品、电子与信息产品、理论探索等，其意图是在由研究者构建的宏观整体框架内，通过对各行业有代表性的工业产品及其相关体系进行深入细致的梳理，勾勒出中国工业设计整体发展的清晰轮廓。

　　要完成这样的工作，研究者的难点首先在于要掌握大量的原始文献，但是中国工业设计的文献资料长期以来疏于整理，基本上处于碎片化状态，要形成完整的史料，就必须经历艰苦的史料收集、整理和比对的过程。本丛书的作者们历经十余年的积累，在各个行业的资料收集、整理以及相关当事人口述历史方面展开了扎实的工作，其工作状态一如历史学家傅斯年所述："上穷碧落下黄泉，动手动脚找东西。"他们义无反顾、凤凰涅槃的执着精神实在令人敬佩。然而，除了鲜活的史料以外，中国工业设计史写作一定是需要研究者的观念作为支撑的，否则非常容易沦为中国工业设计人物、事件的"点名簿"，这不是中国工业设计历史研究的终极目标。本丛书的作者们以发现影响中国工业设计发展的各种要素以及相互关系为逻辑起点并且将其贯穿研究与写作的始终，从理论和实践两个方面来考察中国应用工业设计的能力，发掘了大量曾经被湮没的设计事实，贯通了工程技术与工业设计、经济发展与意识形态、设计师观念与社会需求等诸多领域，不将彼此视作非此即彼的对立，而是视为有差异的统一。

在具体的研究方法上，本丛书的作者们避免了在狭隘的技术领域和个别精英思想方面做纯粹考据的做法，而是采用建立"谱系"的方法，关注各种微观的事实，并努力使之形成因果关系，因而发现了许多令人惊异的、新的知识点。这在避免中国工业设计史宏大叙事的同时形成了有价值的研究范式，这种成果不是一种由学术生产的客观知识，而是对中国工业设计的深刻反思，体现了清醒的理论意识和强烈的现实关怀。为此，作者们一直不间断地阅读建筑学、社会学、历史学、工程哲学，乃至科学哲学等方面的著作，与各方面的专家也保持着密切的交流和互动。研究范式的改变决定了"工业设计中国之路"丛书不是单纯意义上的历史资料汇编，而是一部独具历史文化价值的珍贵文献，也是在中国工业设计研究的漫长道路上一部里程碑式的著作。

工业设计诞生于工业社会的萌发和进程中，是在社会大分工、大生产机制下对资源、技术、市场、环境、价值、社会、文化等要素进行整合、协调、修正的活动，并可以通过协调各分支领域、产业链以及利益集团的诉求形成解决方案。

伴随着中国工业化的起步，设计的理论、实践、机制和知识也应该作为中国设计发展的见证，更何况任何社会现象的产生、发展都不是孤立的。这个世界是一个整体，一个牵一丝动全局的系统。研究历史当然要从不同角度、不同专业入手，而当这些时空（上下、左右、前后）的研究成果融合在一起时，自然会让人类这种不仅有五官、体感，而且有大脑、良知的灵魂觉悟：这个社会发展的动力还带有本质的观念显现。这也可以证明意识对存在的能动力，时常还是巨大的。所以，解析历史不能仅从某一支流溯源，还要梳理历史长河流经的峡谷、高原、险滩、沼泽、三角洲，乃至海床的沉积物和地层剖面……

近年来，随着新的工业技术、科学思想、市场经济等要素的进一步完善，工业设计已经被提升到知识和资源整合、产业创新、社会管理创新，乃至探索人类未来生活方式的高度。

2015 年 5 月 8 日，国务院发布了《中国制造 2025》文件，全面部署推进"实现中国制造向中国创造的转变"和"实施制造强国战略"的任务，在中国经济结构转型升级、供给侧结构性改革、人民生活水平提高的过程中，工业设计面临着新的机遇。中国工业设计的实践将根据中国制造战略的具体内容，以工业设计为中国"发展质量好、产业链国际主导地位突出的制造业"的支撑要素，伴随着工业化、信息化"两化融合"的指导方针，秉承绿色发展的理念，为在 2025 年中国迈入世界制造强国的行列而努力。中国工业设计史研究正是基于这种需求而变得更加具有现实意义，未来中国工业设计的发展不仅需要国际前沿知识的支撑，也需要来自自身历史深处知识的支持。

我们被允许探索，却不应苟同浮躁现实，而应坚持用灵魂深处的责任、热情，以崭新的平台，构筑中国的工业设计观念、理论、机制，建设、净化、凝练"产业创新"的分享型服务生态系统，升华中国工业设计之路，以助力实现中华民族复兴的梦想。

　　理想如海，担当做舟，方知海之宽阔；理想如山，使命为径，循径登山，方知山之高大！

柳冠中

2016 年 12 月

序言

工业设计是什么？工业设计应该是什么？这是德国乌尔姆设计学院第二任院长托马斯·马尔多纳多在一篇题为《工业领域的新发展与设计师的培养》的文章中提醒人们思考的问题。这些问题指出了两个明确的方向：一是如何培养设计师？二是如何走出德国包豪斯对工业设计的影响？马尔多纳多认为在科技征服文化的过程中，设计师必须尽快学会在工业文明的中枢神经系统中高效运作，否则将无法协调理论与实践、科学与设计之间的矛盾，而解决这一矛盾的主要途径"不应该始于对传统教育层面的回应，而应该始于对当下工业设计状况细致且具体的分析"。按照马尔多纳多的理解，与"当下工业设计状况"这一语境相联系的内容涵盖美学因素、经济因素、生产力和工业设计之间的关系、科学技术等，只有在处理好这些内容之后，设计师才可能凭借渊博的科技知识、前瞻意识、文化理解能力和创造力获得成功。

马尔多纳多理解的工业设计（教育）涵盖面比较广，在某种程度上倾向于科学技术，他试图在科学技术与设计相互融合的过程中，为工业设计领域增加更多的科学知识，并让这些科学知识作为工业设计训练的基础在整个教学体系中得到强化，最终找到开发工业设计潜力的途径。与德国包豪斯设计学院一样，乌尔姆设计学院并没有存在很长时间，但乌尔姆设计学院在现代工业产品设计、视觉设计等教育领域具有举足轻重的影响力，其原因就在于该学院坚持科学技术化设计课程的教学理念。1958年，担任院长的马尔多纳多与几位教师一起对乌尔姆设计学院的基础课程进行了调整，将符号学、数学、拓扑学和认知理论等课程纳入学院的教学计划之中，使办学特色更加鲜明，与马克斯·比尔坚持的包豪斯工作坊模式（艺术占据主导地位）渐行渐远。如此调整的结果之一就是学生在进入设计领域之后，不再以艺术家的工作方式参与设计活动，而是在工业产品的研发过程中与工程师相互合作，拥有更多发言的机会，其主体地位也因此得到加强。正如有的研究者所言，乌尔姆设计学院"将设计师从工匠的迷茫中解脱出来，从而投入到工业的语境之中"。在第二次世界大战之后，联邦德国迅速重建了整个国家的工业与市场体系。在重建过程中，由于需要大量的科学与技术人才，因而政府以"需求"为导向，加大教育投入，建立起以技术培养为主的职业教育和以技术研发为主的综合教育体系。同时，政府还增加产业投入并主导科技产业，鼓励工业企业与研究机构双向合作，共同为市场化需求服务。正是在这样一种急剧变化的工业语境中，乌尔姆设计学院在成立后不久就投身到联邦德国重建的行列之中，其教学计划、课程内容以及设计方法也随之改变。

在我们看来，马尔多纳多主导的乌尔姆设计学院的教学转变具有三个方面的意义：第一，现代设计行业从此拥有了科学技术的构成要素，不再执着于高尚的艺术理想，这对今天的工业产品设计、交互设计、影视广告设计以及环境设计等专业而言尤其如此；第二，与相关企业合作研发工业产品，提出了"理性设计"原则，也就是将设计方法科学化、系统化、流程化；第三，明确了工业设计在社会经济、生产与市场环节中的定位，同时也提醒我们不能忽略设计与政治、历史、制度、观念等之间的关系。上述三个方面在工业设计史上还具有重要的历史转折意义，这也是我们探索中国工业设计理论之路的参考坐标。

在工业设计领域，自20世纪20年代以来，技术手段与艺术形式面向资本积累而结合发展，使物化的产品能以之前难以企及的规模进行生产、再生产并在全球范围内流通。在几乎所有的社会历史形态里，技术与艺术始终占据着社会生活的主流，成为世界物质文化的普遍特征。因此，当现代社会受到西方工业革命和现代欧洲资本主义发展推动的双重影响时，技术与艺术在世界范围内日益呈现出机械化、标准化、智能化等相同特质的融合趋势。这就是设计实践的理性与感性抑或技术与艺术在新时代的重新统一。工艺与材料、功能与形式，以及装饰与图案等概念，从此被融入新时代的设计观念中，现代设计的价值观也因此提升到一个前所未有的高度。

中国的工业化之所以历经坎坷，未能将不利转化为有利，其根本原因并非完全来自外部，还有来自内部的阻扰因素，譬如小农经济思想。尽管如此，同处于现代化之路上的中国并没有完全缺失工业设计萌发的土壤和生长环境。清末民初，由西方传入的民用与信息传播技术，让中国人初步接触到西方工业化文明催生出的系列产品，如电灯、电报机、照相机、广播器材等。洋务运动让中国人第一次意识到原材料、燃料、电力、交通等生产要素的重要性，因为"船炮机器之用，非铁不成，非煤不济"。从某种程度上来说，洋务派的实践及其学习西方先进科学技术的主张预示了中国工业化进程的开启，为20世纪上半叶的民用工业的发展奠定了基础。不过，要收集19世纪末、20世纪初中国工业设计的理论文献却是一件比较困难的事情。一是因为现代化进程中的中国缺少标志性的事件与机构；二是因为产品或者直接进口，或者加工、组装和仿制，关键性的技术研发环节近乎完全缺失。所以为本卷探讨所用的工业设计理论文献可谓吉光片羽。在这种情况下，我们尽可能地将工业设计置于中国工业化的历史进程中并探讨与之相关的问题。基于这样的考虑，我们以西方现代设计经验为参照，收集与技术、文化和审美相关的造物研究文献，并探究自洋务运动以来中国民用产品生产与设计的基本状况，以夹叙夹议的方式陈述我们的思路。不得不提及的是，由于20世纪上半叶中国工业产业基础相对薄弱，加之21世纪以来中国工业设计理论研究方兴未艾，目前还缺乏有代表性的研究文献，因而我们不得不从19至20世纪西方社会学、哲学、技术史等著述中寻找相应的理论依据，例如，卡尔·马克思、马克斯·韦伯、埃米尔·迪尔凯姆、李约瑟以及徐寿、薛福成、刘大钧、顾毓琇等人的著作。在社会变革和工业产业资本发展的过程中，必然会有许多与之相伴而生的理论文献，这些有待于我们从不同角度和领域去发掘、检索，也将有助于中国工业设计观念与理论体系的建构而渐至丰硕。

　　寻求和认定我们关心的工业遗产思想的基础是如何重建并认知与中国工业化变迁相适应的历史语境。现代化、意识形态、工艺美术、改良、借鉴、移植、产业化等一系列关键词，勾勒出中国在现代工业化之路上的种种历史样态。其中，影响广泛的工艺美术，在其历史现象的背后，不可避免地体现出中国工业设计曾经有过的探索历程、国家政策导向以及美术设计师的价值观念，同时也表明了设计活动与方法的复杂性与局限性。当这种复杂性与局限性演变为进程中的障碍时，就需要当时的设计师及相关部门反思并提出相应的解决或改良方案。中华人民共和国成立之后的 30 年的重型工业和工艺美术的发展，以及 1978 年之后的改革开放进程中的市场经济和工业设计的发展，都属于中国工业设计活动的历史大舞台。面对这些政治与经济现象时，我们应该依据留存下来的历史文献资料和相关理论来观察中国工业设计的历史现象，同时也应该依据这些来修正或取代、批评或重构已有的概念与理论。

　　"意识形态"一词最初出现于 18 世纪的法国，此后经历了歪曲、重述和重构，被政治和社会学家引进新兴的社会科学予以论述，同时也回流到人们的日常语言之中。"工艺美术"对应威廉·莫里斯的"手工艺运动"，出现于 19 世纪末的英国，与"图案"概念一样，在 20 世纪的中国被人们频繁使用。我们坚持对工艺美术进行思考，这是因为中国手工艺传统中一些有价值的内容值得被继续保留和发扬光大。虽然在一些场合中还存在对这个词的些许偏见，但我们仍能将其放在今天具体的语境中加以考察。对中国设计界而言，"现代主义设计"好比是20世纪80年代的春风，它的出现界定了一个不同于以往的理论分析领域，至今仍然是当代设计学理论与实践领域的中心，而且还为当下日趋活跃的理论建构带来一系列可供剖析的研究源点。这一点可从21世纪的理论探讨中窥见一斑。

自21世纪以来，工业设计理论可谓百花齐放。在不到20年的时间里，陆续出现了数以万计的研究成果，林林总总的概念和理论极大拓展了工业时代的理论研讨范畴。或许真应该把这样的现象归功于数字技术时代的到来。英国历史学家瓦莱丽·约翰逊等人曾经提到过，数字时代已经猛烈地袭来了……当海量数据明显带来许多益处的时候，它们也有潜能对那些不甚精通的用户造成各种问题。在由海量数据组成的大花园里，我们看到了信息检索带来的便利之花，但我们将暂时有选择地屏蔽数字信息的"阴暗面"，因为需要我们关注的是数字技术为工业设计带来的新思路和新方法。最重要的是，关心数字技术为工业设计研究带来的可以拓展的理论空间。当然，任何事物都不是突然出现的，必然有一个过程，中国数字技术时代的工业设计理论，其基础也源于计划经济体制和工业生产平台，我们有必要认真梳理过程中观念衔接与同化或异化的内容。从本质上看，由新技术带来的新问题，经过聚合与分解，转化为新的思维方式，以满足新时代的需求，其实也是技术革新与延伸的过程性结果。在这个过程中，多元化的技术与文化生态催生出系统化的可持续生产方式，这就为研究者细致梳理事（行为）、物（对象）、理（规律）等之间的逻辑带来可参照的坐标。因为多元，所以协同与服务有了新的内涵，云制造、云服务为工业设计重新设定新的思维方式，如此才能与网络经济时代的消费、审美需求相匹配。交互设计、可持续设计、工业4.0、本土化等设计理念丰富了体验经济时代的设计方式。

总之，中国工业设计理论在 21 世纪已融入全球工业设计建构的网络之中，以自己的方式丰富着世界工业设计理论。

　　本卷的主旨之一是梳理中国进入工业化社会以来的工业设计理论，或者更确切地说，是根据科学技术的发展探究工业设计的理论之路。在探究这条理论之路时，我们将为中国工业设计设定一个叙述框架，即采取价值观探源加四个阶段的"共时性"叙述策略，结合必要的历史背景分析，探究每个概念和有代表性的历史文献或研究成果，摈弃陈旧与重复的内容，同时我们还将探讨有关现代工业设计与作用于市场需求的相关理论表述。我们将尽可能地对已有的工业设计研究成果进行充分表述，特别是对那些重要的工业设计研究成果及其理论价值，倘若述而不作，或者无法做到公允述评，显然有悖于本卷的"探索"之名。但限于学识和眼界，加上我们面对的工业设计文献和研究成果宽泛而且复杂，远远超出了自己的识别能力，因此我们只能在能够认知的范畴内，对部分理论成果进行尝试性的述评。书中难免会出现错误，衷心欢迎专家批评指正！书山有路，勉力前行。

曹汝平

2018 年 5 月

目录

第五章　21 世纪的工业设计理论拓展

第一章 工业设计价值观探源

　　以 18 至 19 世纪西方两次工业革命为标志，人类社会进入了工业化时代。工业化大生产伴随殖民地扩张，为西方社会积累了大量财富，极大地改变了人们的生产方式、生活方式与生存环境。但这种积累与改变也引发了一系列的社会问题，诸如环境污染、劳资关系紧张等。特别是文艺复兴时期以来的人文主义与机械化大生产相互碰撞之后，"劳动异化"的现实让"人是万物的尺度"以及西方所谓的"自由、平等、博爱"的观点岌岌可危。19 世纪英国维多利亚时代的艺术评论家约翰·拉斯金曾经表达过自己对机械化大生产的担忧，城市的锅炉持续不断地喷出大量的硫黄色的浓烟，遮天蔽日；烟云在寸草不生的荒地上空低低地盘旋；底部是粗大的烟囱，圈起烟云，烟囱当然不能用篱笆制成，而是由大量方形的石块垒成，像墓石一般，用铁铆合在一起。拉斯金眼里的景象曾被英国哲学家伯特兰·罗素总结为，对人类来说，工业化早期完全是想一想就要发抖的时期。在拉斯金看来，工业化带来的丑陋环境只能让人生产出虚假、丑陋和无用的东西，好设计来自让人感到平静而快乐的良好环境。因此我们不难理解，为什么在 1851 年伦敦世界博览会上，面对过度装饰的工业产品，拉斯金要表达自己的愤怒，而年轻的威廉·莫里斯也会感到痛心疾首了。

　　显而易见，早期机械化生产方式的"粗鲁"已经让人们觉察到欧洲人文主义精神与审美意识衰弱的迹象，因此在手工业向机械工业过渡的时期，由威廉·莫里斯领导的"艺术与手工艺运动"尝试弥补工业化生产的初期产品中缺失的人文主义精神与现代审美意识。以此为开端，在艺术与科学的纠结中，20 世纪的设计先驱们开始追问："什么是设计？设计是艺术还是技术？设计中的功能与形式孰为第一？装饰即罪恶？少即是多抑或少就是繁？有计划的废止制度与绿色设计博弈背后的根源是什么？设计与人的生存环境关系如何？"诸多问题在欧美被演绎得精彩纷呈，但可惜的是，彼时的中国在设计意识与思想上没有泛起多少涟漪，几乎完全中断了与西方现代设计的交流。西方现代设计运动的民主思想、实践精神以及那些随技术、工业产品输入中国的设计观念，当然还包括部分从国外留学回来的设计师，或多或少地影响着中国的建筑、印刷、广告与产品设计活动。在中国全面实施改革开放政策以后，对外交流日益频繁，各类设计会议、展览与赛事活动极大地开阔了人们的视野，设计理论家关注的内容也呈现出多元、微观、跨界等诸多特点。在本章中，我们择取曾经和正在对中国工业设计产生影响的西方工业设计理论，简要追溯主要发展线索的同时，讨论、评述其中的关键主题，设法为工业设计中国之路提供一些可供参考的观念。

第一节　艺术与技术

以德国工业同盟和包豪斯设计学院为代表的现代主义设计影响深远。直到今天，设计中的大众化、理性化与标准化，以及机械美学思想仍然与之有着千丝万缕的联系。作为一次具有划时代意义的设计运动，现代主义设计在第一次世界大战之后从种类繁多的现代先锋艺术中凸显出来，从此拉开了设计作为独立学科的大幕。如果从社会学的角度看这一设计运动，人们会发现其通过建筑、产品等设计体现出来的社会改良、民主和工业化思想，其实充满了思想魔力和乌托邦的气息，或许这一点集中体现在《包豪斯宣言》里那句"取消工匠与艺术家的等级差异"上，这是典型的人人平等的观念，与包豪斯"为大众生活而设计"的内在精神相一致。众所周知，农业与手工业时代的社会等级的樊篱极大限制了设计产品的生产与传播，因为经济与非经济影响下的社会分层和不平等，让不同社会群体使用着不同的生活与经济资源，由此带来的积淀已久的文化品位和审美趣味存在着巨大差异，处于不同社会地位的人会表现出与其社会地位相符的消费需求，同时也对应着不同的审美喜好。但这种差异不是绝对的，会随着时代和阶层处境的变化而改变。

在工业化到来之际，生产方式的变革颠覆了原有的社会等级和文化阶层。曾经与机器为敌的劳工转而成为工业链上的生产主体，现代主义设计发生与发展的两台主要发动机——包豪斯设计学院和德国工业同盟应时而动。前者号召艺术家与工匠联合起来，为大众生活而设计；后者提出通过艺术、工业与手工艺的合作来提高劳动者的社会地位。它们的共同理想是创造出新建筑、新产品，以便供社会大众居住和使用。莫霍利·纳吉的观点或许可以代表当时现代主义设计师的心声，他说："在战争期间，我开始意识到自己对社会负有责任，而现在，我愈发感到了这种责任有多么重大。这种意识在不断地向我发问：'在这个社会剧变的时代里，当画家是对还是错？在每个人都必须解决生存的基本问题的时候，我能不能假想自己拥有一种特权，可以率性地去当一名艺术家？'过去的100年间，艺术和生活各不相干。个人沉醉在艺术创作里，对大众的幸福毫无贡献。"在我们看来，莫霍利·纳吉说出了包豪斯从艺术和手工艺教育转向理性和"为大众生活而设计"教育的原因。这一转变在当时的历史语境中有其合理性，表明了部分艺术家或设计师开始愿意承担相应的社会责任，这就让包豪斯真正走上了以科学技术和机械生产为准绳的现代主义设计之路。同时，我们也看出那一代人在艺术与社会服务关系方面的迷惑与彷徨。虽然社会思潮云谲波诡，导致现代主义设计先驱们对设计的理解并不统一，但是他们在自身实践中以实用艺术和技术相结合的方式较好地解决了这一问题。

艺术的实用性体现在与技术的重新统一中。从本源上来看，艺术等同于技艺，是指有用而又特殊的技巧，与人们的生活休戚相关。所谓个人的艺术是不存在的，也得不到证实。因为无论什么年代，无论什么民族，艺术都是一种社会的表现，假使我们简单地把它当作个人的现象，就无法了解它原来的性质和意义。艺术是人们为了更好地表达观念或思想而采用的一种审美化的方式，也是社会生活的一种手段，要想理解艺术的性质和意义，最好是从人们（艺术家）所在的社会立场予以解释。从这个意义上来讲，我们就比较容易理解贡布里希所说的"实际上没有艺术这种东西，只有艺术家而已"这句话的意图了，即能被冠以"艺术家"头衔的人不应该是孤立的个人，他的作品是对社会生活的提炼与归纳，应该对社会和所处的时代负责，这是对观众的尊重，也是对自己的尊重。不过，贡布里希所说的艺术主要是指客观世界，他将人的意识或审美观念与客观事物区别开来，认为不同时代和不同的人在不同的地方看同一件艺术作品时，可能会产生不同的情绪反应，比如喜爱、厌恶等，并且不同时空的艺术会因为社会内容的不同而产生不同的含义。

关于什么是艺术，我们很认可法国哲学家伊波利特·阿道尔夫·丹纳的机智回答，他说："我不提出什么公式，只让你们接触事实。"首先，他列举的事实并没有超出我们的日常经验，其中包括艺术家早期的真情实感以及后来墨守成规的一面，每位艺术家的经历似乎都在证明模仿活生生的模型和密切注视现实的必要。接下来，在列举了极尽所能描绘真实细节的艺术品之后，丹纳开始强调过分正确的模仿不是给人快感，而是引起反感、憎厌，因此艺术应当力求形似的是对象的某些东西而非全部，而需要模仿的是各个部分之间的关系与相互依赖，这就是丹纳站在观众和阅读者的角度所认为的"我们在事物中感兴趣而要求艺术家摘录和表现的，无非是事物内部和外部的逻辑，换句话说，是事物的结构、组织与配合"。他试图澄清艺术应该具备的更高一级的特征，即艺术是理智的产物而不仅是手工的出品。从丹纳的这一阶段性的结论中我们可以引申出这样的判断：从手工制品到更高社会阶段的理智型产品，被转变的其实是产品生产的组织和配合方式的提升，而这种方式转变的力量来自产品所处时代的技术更新。

更有意义的阐述来自丹纳的进一步分析。在考察了意大利画派和法兰德斯画派之后，他强调了艺术家有意改变真实的关系的目的是突出对象的某一主要特征，也就是艺术家对那个对象所抱的主要观念，换言之，这一主要特征就是哲学家说的事物的本质。哲学中的本质是一个相对于现象而言的概念，是事物最初的属性，其他属性都是从它引申出来的。这就像三原色之于二次色、三次色一样，每一次不同比例的原色混合都能调出不同的次生色彩。艺术之所以是艺术，关键点就在于艺术家为了表现对象的主要特征而对部分进行改变。在这里，丹纳将结构与精神以及数学关系引入建筑与音乐中，既强调又高级又通俗的艺术与模仿的艺术的主要区别，又突出艺术的本质，特别是不同艺术类型的本质差异，譬如中国画与西方油画、抽象主义绘画与超现实主义绘画之间的差异。显然，丹纳将艺术家的能动性或创造性改变视为通达艺术本质的生命线。

推而广之，与艺术密切相关的设计亦是如此。相对而言，纯粹的艺术家萌生"改变"的冲动其实还比较柔和，现代设计师谋求"改变"的意愿显得更为强烈，关于这一点我们将在后文中讨论。那么，如何体现艺术在我们生活中的重要地位呢？丹纳给出的答案是通过科学的和艺术的途径，借助它们找出基本原因和基本规律，也就是"不但诉之于理智，而且诉之于最普通的人的感官与感情"。不过，丹纳所提的"科学"过于简略，只是正确的公式和抽象的字句，显然还没有涉及技术层面的内容。依照现在的理解，科学重在解释世界"是什么"的问题，而技术才关乎"如何解决问题"，这与现代设计的核心任务高度吻合。

但实际情形并非我们想象的那样简单。在中文语境中，技术指的是用以维持人的生活与生产的方法、手段，在农耕社会，具体指向"手艺"。《庄子·天地》云："能有所艺者，技也。"只有掌握一定技术或技艺的人才能进行创造与制作，这类人就是我们常说的手艺人或工匠，但在某些人的观念里，他们是不能入大雅之堂的一类人。雷圭元在回忆他的经历时说："本来考中国画，不想发榜时把我的名字放在图案科。"图案显然是手艺人和工匠从事的工作。晚清以降，随着现代化生产方式的普及，"技术"一词的含义逐渐与西方的观念趋于一致，如技术异化、技术理性、技术哲学、技术美学或技术是产生新文化的源泉、技术作为意识形态等，可见其内容日趋丰富。时至今日，至少在理论研究领域，技术已被视为一种社会－技术－伦理关系的系统，其关注设计过程中的社会关系，如设计师和管理者之间以及设计师和客户之间的关系，因为设计师不仅创造一个新产品、新事物，同时还参与社会改造（如城市规划与设计、人工智能应用），在某些层面甚至会影响到社会文化、政治与经济的价值判断与决策（如年度工业设计行业发展研究报告）。尤尔根·哈贝马斯曾经提到，技术进步的方向在很大程度上取决于公众社会的投资。公众社会指的是类似于国防

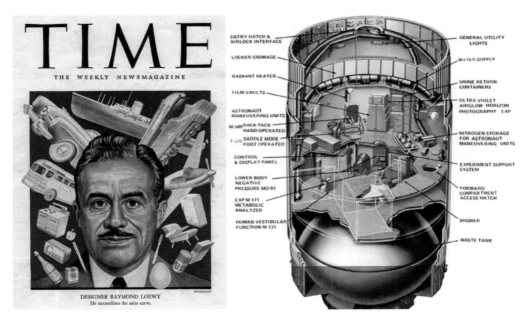

图 1-1 雷蒙德·罗维参与美国国家航空航天局"空中实验室"的设计

部、航天局等国家重要部门，它们的投资有利于产品设计（技术）的提升，美国著名工业设计师雷蒙德·罗维参与美国国家航空航天局"空中实验室"的设计就是一个典型的例子。

　　如果考察现代工业设计的理论内核，我们显然无法绕过技术–伦理关系涉及的一些方法论原则，诸如：（1）新技术可能会通过什么方式改变现状；（2）技术的权利、义务、责任该怎样界定；（3）如何分配技术成本和收益；（4）如何发挥新技术规范与价值的作用，以及发挥作用的过程中的趋势和路径问题；（5）解决问题的现有方法在道德层面的阻力；（6）新技术可持续性的标准等。以第 6 项原则为例，有的学者认为应该把可持续性视为技术的一个最高标准，尽管人们已提出一些民主的标准，但可持续性概念提供了最富生命力的元目标，这个概念应当包括所有生活于地球之上的人都同意的观点，并必须从资本主义社会中脱离出来，使技术民主化推进这一目标。由此可见，当代设计学意义上的技术其实已成为涵盖社会的、经济的、文化的、道德的和政策成分的复杂观念。换句话说，我们已不能简单地将设计等同于艺术设计或者建筑设计、工业设计以及视觉传达设计，因为在整个人工技术造物领域，一种受到确定意向性限制的设计，其概念和功能也会受到相应的限制，而这些限制在当下的设计探讨中一直被无意或有意忽略，所以造型与功能的设计必然会转向以消费者为中心的带有愉悦感或满足感的设计。今后，设计的核心还将转向价值创造，并密切联系社会与自然环境的可持续发展，这已不仅是工艺和美术能否触及的问题，而是现代设计观念能否重新塑造的问题。

按照上述理解，现代工业设计的核心工作是以问题意识为先导，将社会文化要素纳入工业产品生产系统，从而对工业产品的功能、结构、外观以及设计理念、流程、管理等进行提炼、优化并整合成能与文化兼备的现代工业产品，正如美国苹果公司研发的智能手机带来的影响一样，打电话或发短信已不是设计的本意，而是品牌文化与商业效益问题。这是从国家发展战略高度提出来的中国工业设计未来之路。因此，现代工业设计本身已不仅是一种单纯的产品研发和设计行为，而是技术文化融入设计并改变人类生活世界的系统性创造活动。而且从工业设计的组织与管理角度来看，文化和伦理已是当今技术研发的重要内容，其中"合理"与"情感"应被视为一种包含在技术领域的人性化内容。如果说全球第一款被人称为"大哥大"的摩托罗拉手机诞生时，其砖块般的造型因功能诉求还能获得消费者好奇心包容的话，那么随着技术的进步与更新，手机尺寸不断缩小、美感度不断提升，人性化的诉求就越来越成为人们关心的主题。当消费需求对设计提出更高标准时，技术必然因此更新；反之，当新技术得到应用时，设计必然要以此来服务产品的新功能，更重要的是满足产品生产商对竞争的需求以及消费者对良好体验的追求。技术与设计的艺术相辅相成，两者呈螺旋上升态势。

当然，从某种程度上来说，技术与设计的根本区别在于，前者带来的是同质化竞争，后者则让产品形成差异化。这种差异化首先体现在设计师对外观造型的把握上，也就是产品设计的审美效应。虽然他们不是纯粹的人文主义艺术家，但一定是有着形态构成观念的艺术设计师。他们的核心价值在于除了完成产品的物化功能外，还要将与精神相适应的情感注入产品造型中。德国设计理论家克略克尔曾经清晰地阐述了设计师的价值，如果一种物品以任一形式接近于消费者的观点，那么它就具有销售能力，迎合较多消费者就会遇到较少阻力——主要是情感和理智上的阻力，使感官满意的、唤起兴趣的、达到预期功能的、满足潜在需求的物品就可以遇到最小的阻力。设计师凭借艺术手段为产品和服务提供了情感和理智的润滑剂，有效地减少了这种阻力，因为"艺术处于人和技术之间……保持着一种平衡关系"，并且"反抗那种体制的压抑，热情地保卫着人的真正价值"。因此，当设计中的艺术和技术相互作用并同时发力协同推进设计行业向前发展时，设计就不再仅仅关注技术，同时也会关注人和商业的双向需求。

综合来看，艺术与技术不仅是现代设计中一个恒久的话题，而且历久弥新。从《庄子·天地》的"能有所艺者，技也"到芬兰设计大师阿尔瓦·阿尔托的"没有艺术，生活就是机械化，就等于'死亡'"，其实都在强调艺术与技术相结合的重要性。事实上，现代设计的主要成就是两者关系调整与融合发展的结果，特别是在现代技术主导生产方面，技术本身为产品设计带来的内在美就已经具有艺术的属性，新技术、新材料的机械化已悄然与艺术相结合，其结果也已经被人们所接受。例如，能灵活调节的卷帘灯，其内置的 LED 灯板能像窗帘一样降下来，发出温暖光线的同时，又如墙上多了一扇窗；精巧的火焰音箱是由竹子和钢化玻璃制成的，能将音乐和火焰联系在一起，当音乐响起，火焰会随着声波的频率变化而摇曳生辉，音乐成了室内可观赏的一道风景。以此可以看出，无论技术还是艺术，即现代产品设计中的技术实现抑或艺术呈现，实际上都离不开对材料的理解和对工艺的把握，每一种新材料

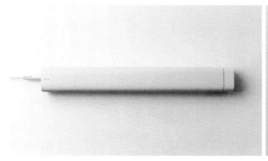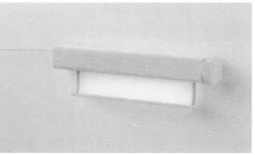

图 1-2　卷帘灯

图 1-3　火焰音箱

的开发都会扩展产品的结构与呈现形态，当然也就会出现相应的技术手段与之配合。因此，新技术、新工艺和新材料构成了工业设计师需要重点关注的内容。

第二节　材料与工艺

　　人类主要的设计领域都离不开对材料的利用和理解，产品的先进性既体现在功能、结构和形式上，也体现在材料和生产与制造工艺上。老子曾言"朴散则为器"，各种器具都是通过对整块原材料进行分割、加工而成的，产品的生产过程也就是对原材料进行加工的过程，成品的物理要素就是从原材料而来的。《考工记》中提到的"天有时，地有气，材有美，工有巧，合此四者，然后可以为良"，表明传统的造物观已带有强烈的系统性思维方式，说明造物或者创物活动已超越了单纯的技术活而成为一种观念问题，材料选择因此构成了产品生产中基础而又特别重要的设计环节。从西方现代设计的萌芽时期开始，材料在现代生产中的重要性就被体现出来。1851 年，阿尔伯特亲王在伦敦世界博览会的开幕词中提到将"材料运用"列为第一项展览主题，有人评价说："这是人类第一次严肃地尝试把设计和现代工业结合在一起。"以此可以看出，工业设计的现代性首先体现在材料运用上，只有符合机械化批量生产和应用的标准，新材料的价值才能得到充分发挥，19世纪中叶到20世纪新材料的发明和技术或工艺变革也印证了这一点。

在利润的驱使下，生产商会尽可能选择适合批量生产的新材料以替代昂贵的传统材料，受此影响，设计师也会根据功能与文化的需要选用合适的材料，然后借助机械或合适的生产工艺完成产品的批量化生产。显而易见，无论多巧妙的设计构思都必须通过材料来检验是否符合实际需要，除非是在试验环节，否则不可能出现肆无忌惮滥用材料加工造物的情况，因为在现代以绿色设计理念、市场规范与管理、市场消费与效益等为前提的条件下，工业化流水线上的产品设计容不得半点疏忽。

与《考工记》中提到的系统造物观一样，德国包豪斯设计学院的教学目标和方法注重总体的观念，不是详细的解决方法，而是对一种本质及所有创造性工作基本通用程序的一系列探索。换言之，所有的设计都不得不围绕功能、材料、生产过程及社会意义等相关问题展开，其中材料又是所有设计实践的开端，即综合方法的构建是从对材料的体验开始的……其深层目标往往是：在对材料的造型处理、构造创意及在工具和机器的操作中，通过实际体验来把握材料的特性与可能性。依照莫霍利·纳吉的看法，材料与外观造型、结构创意、生产工艺以及设计师的实际体验（当然还应包括后期消费者的体验）有着直接关系。人类的造物经验已经表明，材料选用取决于产品的实际功能，比如原始陶器中的炊具多选择掺入砂粒的陶土，而饮食器具则选用精细的泥料；各种机床的底座、铁管需要有良好的切削、耐磨性能，所以多选用铸造生铁，而曲轴、齿轮、活塞等各类高级铸件和机械零件要有优良的弹性和耐磨性能，所以广泛选用球墨铸铁。

相对而言，产品的功能在多数情况下是确定的，而材料会随着科学技术的进步而发生改变，这也是包豪斯设计学院和莫霍利·纳吉重视材料体验的原因之一，因为相同器物可以用不同的材料来加工制作。人类历史上出现的石器时代、青铜器时代、铁器时代，其实都是以更先进的材料替换旧材料的历史演变过程，具体表现在铁斧取代石斧、钢刀淘汰铁刀等器物上。从器物文化生成的角度看，功能决定造型（形式），一旦形成固定的外观造型，器物造型的文化意义也会相对稳定。不过，在现代产品

第一章　工业设计价值观探源

011

设计中，设计师会根据产品的新功能去改造已有的产品造型，从而形成新的造物文化和体系。一个较为典型的例子是芬兰设计师阿尔瓦·阿尔托设计的弯曲木悬挑结构椅，其采用层压胶合板加工工艺，极大地丰富了椅子的设计文化；一个较为极端的例子是菲利普·斯塔克为意大利著名品牌 Alessi 设计的"外星人榨汁机"，其以雕塑般的艺术创意成为设计中的经典之作。上述例子涉及的是材料与结构创意或创新的问题。

产品结构创新的基础是材料及其加工技术，这主要是因为材料的物理特性和材料加工成型的难易程度决定了最终的造型结构，除此之外还要受到制作工艺、制作经费、审美心理等诸多因素的影响。陶范铸造技术促成春秋战国时期繁复透空青铜器的出现，无缝空心钢管技术让世界上第一辆真正意义上的自行车和第一把钢管皮革椅成为可能；同样，设计师比尔·斯通普夫和唐·查德维克用弹性树脂和具有透气性的 Pellicle 专利织物材料生产出可量产的绿色环保型 Aeron 办公椅，改变了人们对由泡棉、织物或皮革等材料制成的标准座椅的印象，其靠背造型可随人的坐姿和动作的改变而变换，能贴合不同人的体型，这是设计师在材料革新、人体工程技术和座椅结构方面取得的关键性成就。人机工程学的价值在于人性化的设计，舒适、可靠、安全、方便和效率等成为产品设计的关键词，除材料选择之外，实现这些关键词价值的是与之相对应的生产工艺。

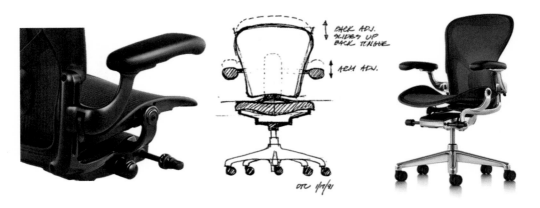

图 1-4　Aeron 办公椅，1994 年

一般来说，不同的材料有不同的生产工艺，在产品功能、生产效率与质量最优化的要求下，设计师必须综合考虑材料和加工工艺的选择，以实现设计解决问题并服务社会的定位。从世界现代设计史来看，第二次世界大战之后的意大利和北欧国家是这方面的典范，这些国家的设计师既采用批量化、标准化、精密化的生产技术与流程，又依赖更加个性化、艺术化的手工艺制造，因为他们已经意识到这个世界既需要大众化的产品，也需要豪华版的产品，所以尽量在材料与工艺之间权衡利弊。当然，这种意识的形成有其历史发展过程，最早可追溯到威廉·莫里斯时代。人们在技术与艺术、标准化与个性化等问题上的争论最终在1914年德国工业同盟举办的工业艺术和建筑展览会上集中体现出来，现代设计史上称之为"科隆论战"。在这次会议上，以赫尔曼·穆特休斯为代表的参会人员站在工业化生产趋势和资本家的立场上，提出现代设计的内容和任务分别是标准化、塑造国家新形象；以亨利·凡·德·威尔德为代表的一方则基于艺术家的身份主张设计创作的自由性，重点培养设计师和艺术家"创造的才能，光辉灿烂的个人灵感的才能"，甚至"关注最复杂精致的技巧之美的信心和乐趣的个人技艺"。历史最终综合了双方合理化的成分，虽然在一段时间内国际主义设计占据主导地位，使设计的艺术表现力相对弱化，但是第二次世界大战之后，设计师努力寻求对立双方的平衡点，上述国家的设计正是在寻求平衡点的过程中实现了设计流程清晰明确、产品设计结构合理、材料选择与工艺水准严格规范。"工艺"在欧洲部分国家（如意大利）是被作为制造现代"高雅文化"产品的一种手段引入设计中的，目的是将手工艺技能与高科技制造结合起来，十分强调作为艺术外延的设计，也就是说，在高端消费市场中，带有附加值的产品仍然占有一定比例。

塑料、金属、木材等领域出现的新材料让材料（科技）与工艺（艺术）的关系达到进一步平衡。继阿尔瓦·阿尔托研制层压胶合板之后，美国设计师查尔斯·埃姆斯为模塑胶合板创造了一个发挥设计价值的空间。第二次世界大战期间，他受美国海军委托设计了5 000套模塑胶合板夹板，然后又试制成功模塑胶合板担架和木椅。20世纪40年代，埃姆斯与芬兰设计师埃罗·沙里宁合作，在新材料以及材料结合技术方面进行探索与试验，他们一起创立了一种高度创新的现代家具美学，该美学的价值在于：（1）充分表现新材料作为现代家具设计主体材料时的高科技感；（2）高度赞扬新材料"光滑的、流线型的、多彩的"形式感；（3）突出物美价廉、简单便捷的市场属性，这一点或许是新材料获得认可的最有利因素。这一美学观随后在斯堪的纳维亚半岛、英国和意大利得到广泛仿效，采用模塑技术批量生产的家具迅速进入公共场所，遍布教室、礼堂及阅览室，至今在世界各地仍然可以见到这些家具的身影。

其他新材料，如软塑料、硬塑料、橡胶和各类化纤等都通过设计的方式，在社会生活与文化中发挥着各自的作用，其新颖性构成了现代社会文化环境的重要部分。借助艺术化的处理方式，设计师可以赋予材料新的物质与精神文化意义，大众化的材料因此可以化身为高档材料，批量生产的工业化产品也能被改造成"奢侈品"。这样的处理方式与虚伪或毫无诚意无关，相反，在技术、材料与工艺变革面前，新材料及其相互结合而产生的新型结构与作用方式，让市场真正感受到了新材料带来的独特魅力。所以说，材料及其工艺带给我们最重要的不是产品的使用方法，而是包含其中却又超越技术层面的文化与审美观念。

毋庸置疑，人是新材料、新工艺文化与审美的主体。设计师与消费者的切身体验是主体审美观念的源泉。前者的审美经验与专业实践经验决定着产品设计的艺术水准和功能品质，后者的生活经验一方面有助于他们提升对产品功能的理解与把握程度，另一方面也有助于他们将使用经验反馈给设计师，有益于产品的更新、升级和换代。由此可见，经验构成了体验的基础，没有设计生产与消费经验的存在，体验设计将无从谈起。不过，设计与体验的话题之宏大，可以从不同学科角度予以阐述，因此本卷仅结合材料与工艺简要阐述我们对产品设计中的经验与体验的认知。

伊曼努尔·康德认为，经验是一种通过知觉来规定一个客体的知识，也就是对客体的一种凭借知觉的知识。知觉是获得知识的方式，若从设计师的角度理解，我们可将视觉和听觉经验视为一种知觉，并整合为康德所说的"客体的知识"，其中包含美的经验。不过，这种美的经验不是传统意义上的知觉之美（声色之娱、游观之乐），而是对产品美的一种整体认知，包括对材料和工艺的认知，以避免盲人摸象般的局部经验。这就要求作为主体的设计师需要具备优秀的专业意识与能力，即经过手、眼、耳的专门训练后达到一种心智成熟的状态。莫霍利·纳吉曾经说过，如果没有专门的知识储备，只有少数人能跟得上新趋势，其主要原因在于，专业的艺术家每天用材料进行创作，能够更好地领会其创作方法，并且不断以更新的构想取代旧有的准则。这些发现是有机的过程、知识与经验的积累以及直觉共同作用的结果。这是外行人几乎无法与之相比的。知识储备即经验积累，每天用材料进行创作的过程，就是不断体验各种材料物理性能的过程，在此基础上才可能领会并提升创作方法，这是一个有机而整体的过程。艺术家可随时更换材料和方法，以保持自己对材料和工艺的直觉感，最终创作出理想的作品。莫霍利·纳吉的观念带有艺术家的气质，但不可否认，其观念对现代主义设计产生过重要的影响，特别是他对专业知识和材料、方法（工艺）的整体认知，直到今天仍然值得我们借鉴。

如果循着历史继续向前追溯，先秦时期的人们对于材料属性、功能、多样性以及造物者对于材料加工工艺的方法、标准或规则等其实早有认知。《国语·齐语》中的"美金以铸剑戟，试诸狗马；恶金以铸锄、夷、斤、劚，试诸壤土"表达了因材施教的观念；《战国·慎子》中的"廊庙之材，非一木之枝；狐白之裘，非一狐之腋"说明了材料相互配合可以更好地为产品服务的思想；《论语·卫灵公》中的"工欲善其事，必先利其器"常被引用来证明方法的重要性；《庄子·马蹄》中的"我善治木，曲者中钩，直者应绳"是对器物制作工艺标准的评价。古希腊哲学家亚里士多德著名的四因说中的"质料因"，就是将材料（实物、实体或构成实物的东西）当作物体产生或事物发展的原因之一，而"动力因"则被他确定为"制造者"，在这里我们可以将其理解为物体产生所需的动机与方法，在制造者（设计师）的目标任务的作用下，事物（产品）会按照既定的程序被制造或生产出来。概言之，人类造物史揭示了材料（物质特性）和制作工艺（设计方法）之间的密切关系，"审曲面势，以饬五材，以辨民器，谓之百工"的造物思想，正是对二者关系的恰当概括。设计师对材料的观察与设想是对物质特性的理解，也是对灵活多样的设计方法的

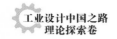

反映。

联系到当下物质文化遗产与非物质文化遗产的热潮，基于传统材料之上的器物及其工艺，本质上是上述历史造物观的延续，这是在物质日趋丰富、大众精神需求多样化的今天，社会对历史文化与价值观的回应。然而，自第二次工业革命以来，世界工业化生产以及社会构成要素都被欧美技术与科学逻辑所覆盖，老物件及其工艺观念不可能再次统辖现代工业与智能产业，尽管东西方技术与工艺思维有相通之处，但它们只能融入其中而成为一种文化的象征符号。好在文化基因仍然会在文化交流、相通的过程中发挥作用，譬如在当下的体验设计中，文化身份与经验以及由此而生的情感需求，显然是我们无法回避的内容。正如一些体验设计的研究者所提到的，经验本身（情感与心理需要的实现）和产品（如内容和技术）对体验（实用的与享乐的质量）来说不可或缺。我们发现需求满足的强度与正面情绪之间存在着密切的关系……目前的研究在体验导向和产品导向方面展示了突出的优点，在经验导向和产品导向评估方面提出了一套可行的测量工具，并详述了积极体验如何转化为积极的产品观和评价诉求的过程。经验抑或体验中包含的积极成分是产品设计和诉求中不可缺少的要素，就如一款国产智能手机采用了全面屏、全陶瓷机身加柔和而简洁的轮廓线条的设计，令手机温润如玉，更具艺术气息，足以引起消费者的兴趣，而且陶瓷的潜在性能也被激发出来了。如此看来，有必要深入挖掘历史造物文化中合理的哲学观念与思想，这将有助于人们寻找自身所需的精神与文化家园，也有助于我们与其他造物文化之间的平等交流。

第三节　功能与形式

功能与形式是现代设计中经久不衰的话题之一。19世纪末，芝加哥学派的现代主义建筑设计师路易斯·沙利文提出的"形式追随功能"直接影响了现代主义设计。除建筑设计之外，功能主义主要体现在工业产品设计中，这是因为工业产品本身的造型（形式）取决于它的实际用途（功能），小到锅碗瓢盆、剪刀、钳子，大到汽车、火车、飞机、轮船，莫不如此。从生产的角度看，工业产品的功能就是它自身的经济价值，这种价值在标准化、批量化生产以及分工协作方式上体现得尤为充分，而且工业产品必须依赖工业时代"最特别的生产资料，即机器本身"，而机器能将"它自身的价值，转移到由它帮助来生产的生产物内"，那么功能即价值的意义就显得更为突出。再从消费者的角度看，产品的功能诉求还应该满足人的心理需求，芬兰设计大师阿尔瓦·阿尔托曾提到过，技术的功能主义只有同时扩展到心理学领域才是正确的，这是通向人性建筑的唯一道路。虽然他说的是建筑设计，但这一论断同样也适用于工业产品设计。人与自然、情感、社会的有机融合，原本就是好产品的本质属性，只因 20 世纪 70 年代以前，工业产品对资本或经济价值的追求过于强烈（美国"有计划的废止制度"就是典型的例子），再加上现代主义设计热衷于新技术、新材料和生产标准化，从而蒙蔽了这一自然而然的属性，直到后现代主义设计兴起后，功能主义的心理属性才最终得到审视。

当然，回顾现代主义设计的历史，我们发现功能主义虽说少了那么一点自然和诗意，但与现代主义思潮如影随形，它的思想内核在很大程度上来源于现代主义。进而言之，功能主义设计是现代主义设计的主要成分，只有认真梳理出现代主义设计的理念及其工业化生产背景，才能比较好地理解什么是功能主义设计。荷兰设计史学家 J.W. 德鲁克曾经写到，功能主义的核心是设计过程由一定的原则决定，这些原则可被归纳为"十诫"：

（1）好的产品设计是基于科学研究和系统观的。

（2）一件好的产品在其功能上是明确的和可理解的（"形式服从功能"）。

（3）一件好的产品在设计上是极简的（"奥卡姆的剃刀"）。

（4）装饰是被禁止的，因为它没有必要并且有碍于功能（阿道夫·路斯，"装饰即罪恶"）。

（5）审美经验是基于数学原则的。因此，提倡数学的或者抽象的设计（普适性的审美原则）。

（6）虽然有可能无法实现，但是每种产品总会有一个"理想型"（"柏拉图式的理想主义"）。

（7）无论如何，这种理想型可以随着时间发展，通过运用最新科技来设计产品的原则而逐渐实现（进步假设）。

（8）本质上，人人平等，因此，好的产品对所有人都是有益的！

（9）大批量生产是为大多数人提供好产品的唯一解决办法。

（10）设计师的任务是为那些更需要改善物质生活条件的人服务，因此，设计师坚决不为有钱人和贵族服务。

J.W. 德鲁克的文章的立意点在于论述功能主义设计（具体指向现代主义设计的代表机构"包豪斯"）的终极目标是"提升那些当时被称作'无产阶级'的人们的精神生活"，同时将其置于后现代主义的文化视野中进行了较为公允的对比和评价。"十诫"是功能主义设计的 10 项较为突出的原则或观点，也可以被视为功能主义设计的 10 项特征。综合来看，这些原则几乎涵盖了现代主义设计史上出现的所有关键性要素，因此 J.W. 德鲁克将现代主义（功能主义）设计称为"20 世纪最有影响力的设计哲学"。中国的部分设计师，如黄作燊、郑可等人也或多或少地受到过这一设计哲学的熏陶与影响。在这一前提下，中外设计师对现代主义的设计总体上遵循技术理性的范式和为大众设计的理想。哲学意义上的理性包括心智和人伦两个主要层面，伊曼努尔·康德将其分别表述为先验理性（理论理性）和道德理性（实践理性），前者指向世界、精神，后者的功能性内涵是指人运用道德推理确定自己行为准则的能力。技术理性及其批判始于德国社会学家马克斯·韦伯的"合理性"，法兰克福学派的赫伯特·马尔库塞将其推向高峰，他将价值进一步划分为技术理性和批判理性，认为技术理性已成为社会统治的工具，这种带有明显强制性的形式"揭示了盛行的技术合理性的政治方面"，即工业化生产过程本身存在的政治方面的"意识形态"。从这个意义上看，技术理性与道德理性有着共同的社会伦理基础，也就是说，在机械化大生产中，包括工业产品设计环节在内的生产、传播、销售、服务等过程都被现实化为"单向度的思想和行为"，人被同一种制度或观念所规范和约束。这正是

J.W. 德鲁克所批判的功能主义设计所坚持的"信念"。他曾经提到，设计优良的产品具有普适性的良好功能，它们独立于其被使用的具体情境……差异因素根本就没有被考虑进去，这就是20世纪20年代在包豪斯设计学院孕育出的设计哲学，在包豪斯设计学院的后继者——乌尔姆设计学院手中，这一哲学日臻成熟。然而，具体情境中的政治意识形态一旦被极端化，往往会带来一些意想不到的效果。

如此看来，在我们肯定现代主义设计的成就，向20世纪的设计先驱们致敬的同时，也有研究者从技术理性和伦理的角度窥见现代主义设计的真实性样态有简单化、表面化之嫌，认为它忽略甚至失去了对超越功能与形式表象的设计文化多样性的透视和把握，而这恰好是后现代主义兴起的理由以及其擅长的领域。在后现代主义者的眼里，现代主义设计的功能性过于突出，缺少意义上的隐喻和象征，遂被罗伯特·文丘里讥为"简练不成反为简陋"，大肆简化的结果是产生大批平淡的建筑。的确，以"功能第一"为原则的设计可能会妨碍对深藏于形式背后的、另外一种更重要的真实意义，即"有意味的形式"的把握。不过由马克斯·韦伯所说的"合理性"派生出来的技术理性强调实践者通过实际行动确认工具（方法、手段）的有效性，因此与后现代主义设计一样具有它自身的历史意义。

作为20世纪主流的设计哲学，现代主义设计的功能在为大众设计的过程中并不缺少真实的意义，但其意义体现的内容是什么？我们可以将"十诫"归纳为设计的方法、功能（造型）、审美、理想和目标等几个方面的内容。就方法论而言，现代主义设计的基础是科学研究和系统观，这是生产好产品的首要条件，也是包豪斯设计学院在建立不久之后提出来的一种教学设想。1923年，瓦尔特·格罗皮乌斯提出了几个重要的设计观念：（1）艺术家或设计师必须"使自己的造型观念适合于实际的生产过程"；（2）只有富有学识并且掌握了静力学、动力学、光学和声学等物理知识的人才能够赋予设计对象新的、具有生命力的形象；（3）需要把各种艺术和各种流派结合在一起从而创造一种新的统一性。显然，这几个重要的设计观念已体现出明显的科学性与系统性，表明包豪斯开始转向能够为工业产品批量化生产提供服务的道路上来。经常穿一身工装的莫霍利·纳吉逐渐成为包豪斯设计学院的主要角色之一，他的教学思想与课程所具有的结构主义特征也印证了这一点。在莫霍利·纳吉看来，20世纪的现实就是技术，就是机器的发明、制造和维护。谁使用机器，谁就领会了20世纪的精神。技术是实现科学与系统化生产方式的有力工具，是工业革命以来我们这个社会进行大规模生产的根基，正是技术手段的不断完善与更新，才使高质量的工业产品能够以低廉的成本制造出来，大众因此才有能力消费工业化的日常生活用品。包豪斯设计学院的历史价值也体现在由瓦尔特·格罗皮乌斯支持、莫霍利·纳吉具体实施的第一步设想：为大多数人创造可消费的物质条件。为了实现这一物质条件，设计师需要运用系统的方法对日用产品的设计原理、概念、材料、结构、造型、色彩以及生产环节、管理机制进行仔细推敲，并将"大众消费群体在特定历史条件下的需求"置于核心地位去重构。

正是迈出了关键性的第一步，功能与形式才有了可探究的空间。在莫霍利·纳吉和他的助手约瑟夫·艾尔伯斯开设的基础课程里，空间与体积、造型与结构、材料与质感、混合与视觉等成为关键词，构成形式与功能诉求在这里难分伯仲，最基本的造型元素如点、线、面以及球体、方块、锥体、柱体等成为创作中的基础造型语言。莫霍利·纳吉尊重机器在产品生产中的地位，特别重视材料的物理属性和运用材料的技巧。约瑟夫·艾尔伯斯则强调"以最小成本获得最大产出"的原则。在他们手里，包豪斯设计学院在瓦尔特·格罗皮乌斯倡导的"艺术与手工艺、工业的新统一"的指引下，从表现主义向构成主义迈进。从20世纪上半叶的设计历史来看，在包豪斯设计学院、德国工业同盟等提倡的以"功能第一"为原则的主导下，个性化要服从于标准化所需的简洁、抽象形式和造型结构。因为个性化的内容是个人被封闭和限制的产物，而现代主义设计追寻的是机械化生产赋予的产品功能、质量与简洁的形式感，当标准化的产品构件被批量组装时，这一目标才算完成，所以获得设计上的直观而明确的表达并符合有序的生产流程，是功能主义设计造福社会大众的途径。

"形式追随功能"的合理性之一就在于好产品具备让消费者理解其功能的形式语言，也就是功能与形式的统一。现代主义设计的这种语言在设计上很简洁，原创性较强，多数产品并没有抽象到晦涩难懂的程度。它的造型语言仍然具有形式意味，如马塞尔·布鲁尔为了纪念自己的老师瓦西里·康定斯基而命名的"瓦西里椅"。正像有些产品工程师所说的那样，产品语言包含许多异质的表达形式，如尺寸、形态、物理表面结构、运动、材料品质、功能呈现的方式、色彩、外观上的图形设计、声音、语调、味道、气味、温度、包装和抗压性能等，所有这些信息都对潜在的购买者产生着积极或消极的影响。这些都是功能主义带来的结果，20世纪上半叶的现代主义设计师更看重的还是产品的用途和必要的结构，包括可以随时更换标准化构件的工业化生产方式。这也是 J. W. 德鲁克认为功能主义设计唯一看重的事情，即产品应该被设计得最适合于其本身该进行的工作，并有最理想的、典型的形式。虽然设计并不以最理想的形式追求为中心，但理想的信念却成为现代设计师的行动指南。

功能主义设计的另一个实践者与动力源是1907年在慕尼黑成立的德国工业同盟，这是以赫尔曼·穆特休斯、彼得·贝伦斯、亨利·凡·德·威尔德等人为核心的专业组织，成员身份包括设计师、艺术家、建筑师、企业家以及政治家。德国工业同盟的成立宣言表明了这个组织的努力目标，即通过艺术、工业与手工艺的合作，用教育、宣传以及对有关问题采取联合行动的方式来提高工业劳动的地位。此外还表达了成员合作的内容和追求高品质的信念，肯定并支持现代工业带来的标准化、批量化生产方式。德国工业同盟成立第二年的年会开幕式的致辞中提到，设计的目的是人而不是物，同时声明工业设计师是社会的公仆，而不是许多造型艺术家自认的社会主宰者。这些观点使该组织以现代设计先驱者的身份被记录在现代设计的历史中。对德国工业同盟做出巨大贡献的是作为创始人之一的赫尔曼·穆特休斯，他视野开阔，有着丰富的社会阅历，还因身为政府官员的优势而对同盟产生了重大影响。赫尔曼·穆特休斯从建筑师的角度出发，认为功能与形式、材料与结构是非常重要的设计内容，他提到，首先要对物品的功能进行区分，然后再从这些功能中延展出它们的形式……设计在基于功能的同时还以材料的特性为基础；对于材料的尊重也就形成了对于适用于材料的结构形式的尊重。在他看来，实用的艺术同时具备文化和经济的双重意义，其新的表达形式本身并不是艺术的终结，而是一种时代内在动力的视觉表现。亨利·凡·德·威尔德也是德国工业同盟的创始人之一，他强调技术与艺术统一的重要性，但对为了国家经济利益和形象而统一艺术与工业的观点却并不认同，他认为这两者的结合是将理想与现实混为一谈，会导致理想的崩溃。

与功能同时诞生的是产品设计中蕴含的美。从一般意义上来说，美可以是形式，可以是伦理，也可以体现在功能上。功能主义设计"十诫"中的美是对无装饰和普适美的概括，由此构成了功能主义设计中基础的审美概念。

前者的经典表述是"装饰即罪恶"，语出阿道夫·路斯，他认为文化的进步与去除日用品上的装饰是同义的，也就是说，装饰意味着文化倒退。阿道夫·路斯的评价显然是从社会伦理，即反奢侈浪费的角度来思考问题的，其直白的语言表述强调的是对事实的经验性理由，也就是抨击他所看到的贵族和新兴资产阶级在生活与生产中浪费资源的情况。这一观点与之后纯粹意义上的"少即是多"的出发点大相径庭。既然装饰涉及社会伦理，那么由装饰而生的形式美就不再是单纯的外观或造型，而主要应属于社会美，或者说，它是自然美与社会美的真正交融。形式美及其一般规律或特征，如对称、均衡、比例、和谐、节奏、韵律等，尽管是自然界的规律及现象，但也是人类通过生产和生活实践把它们从自然界中抽离出来的。这些形式美的内容与阿道夫·路斯所说的"反装饰"并未产生冲突。

后者强调的是数学概念中的"普适原则"，这是基于工业化生产所需的构件（模数化）之上的审美原则，理性色彩相当浓厚，可视为存在于现代工业产品设计流程中的"普遍语法"，其在本质上与前文提到的技术或实践理性相关。事实上，功能主义设计遵循的就是科学技术层面的表达原则，德国乌尔姆设计学院将这一原则发扬光大。德国设计师奥托·艾舍在回顾乌尔姆设计学院的教学实践思想时曾写道："美学范畴，如比例、体量、排列、渗透或对比，并实验性地予以掌握，是有意义的。但是它们并不是目的本身，也根本不是一个上级的、支配性的与心灵的学科，而是作为一种设计的文法、语构。一项设计的结果必须符合任务，其判断准则是使用与制造。"这就是说，普适美的根本来源和批判标准在于设计任务的方法、过程、结果以及与人的关系问题，而不是单个的产品（构件）及其相关属性。显然，这是一种纯粹理性的功能主义设计审美观，因为与社会生产和大众服务等严肃而宏观性的主题紧密关联，所以又具备明显的现实主义审美属性。

至于功能主义设计的理想和目标，按照 J.W. 德鲁克的说法，实际上包括两个不同层面的内容：一是产品设计拥有的理想型，即在功能上能满足社会生产与生活需求的理想造型；二是从包豪斯开始的终极的、唯一的目标，即提升人们的精神生活层次。从社会学角度看，这两个层面都是设计伦理所追求的，带有理想色彩，其成因涉及方方面面，但主要原因是在工业化生产背景下，个体生活境况的恶劣与社会制度规范之间产生了矛盾。法国社会学家埃米尔·杜尔凯姆认为，在现代社会中，财富与权力本身变成了目的，而大部分人无法得到很高的威望，感到自己的生活与社会规范发生了冲突。这种冲突导致了社会的不正常状态和规范秩序的破裂，而这种破裂成了工业社会的一种常态。从这层意义上说，功能主义设计的理想或出发点饱含人文主义色彩，如果依循埃米尔·杜尔凯姆给出的思路，一旦实现其目标，艺术家和设计师将在一个整合而有序的社会中感受到自由，那是一个由技术统治的严谨的理性社会。

从整体上来说，20 世纪的功能主义设计倾向于技术理性。以包豪斯设计学院为代表的现代主义设计用接近于"实证"的方式展示了与这一理性哲学相关的部分关键词，如技术标准、功能清晰、理性思维、社会规范、生产方式、社会理想、极简主义等，这些关键词的核心其实都是"人"。从威廉·莫里斯时代开始，人在设计中的地位不断提高，特别是 21 世纪以来，从人的体验或者说从消费者的体验角度出发进行产品设计，已成为企业研发的必经之路。如何发掘潜藏在消费者心里的尚未被意识到的需求，已成为掌握高端技术的当代工业设计师应该思考的问题。除了商业规则之外，我们面对的是一个个鲜活的生命以及生命所处的自然空间，他们需要由健康工业设计营建出来的工作和生活环境。真正以人之价值为核心的时代，需要我们以人文主义的情怀，继承 20 世纪现代主义设计先驱们的探索精神和社会责任感，设计出具有情感价值和功能相对完备的产品。从某种意义上来说，以功能为核心的现代主义设计时代并没有结束。

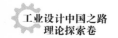

第四节　装饰与图案

　　《韩非子·外储说左上》中记述："楚人有卖其珠于郑者，为木兰之柜，熏以桂椒，缀以珠玉，饰以玫瑰，辑以翡翠。郑人买其椟而还其珠。此可谓善卖椟矣，未可谓善鬻珠也。"倘若我们暂时撇开故事的寓意不谈，仅关注郑人为何买椟而还珠，相信有人会脱口而出："因为盒子太漂亮了！"的确，盒子以名贵的木兰制成，然后以香料熏制，再在盒子上镶嵌珠玉，雕刻玫瑰花纹，并用翡翠进行点缀，最终将珠宝盒装饰成一件精致美观的工艺品。盒子虽小，只能用来存放珍珠，别无他用，然而它却提醒我们装饰具有的独特价值——郑人因此爱不释手，或许其他人也是如此。它给人们带来审美愉悦，虽然只是功能的副产品，但却与之紧密关联。这种装饰美可能无助于产品物质功能的发挥，但却是审美功能的重要方面。有意思的是，莎士比亚在《威尼斯商人》中借助一只铅匣子里的画像，让主人公说出"装饰仍然在蒙骗世人"，显然也表达了与买椟还珠同样的寓意——重要的不是外表，而是内在价值。这是世人都很熟悉的价值判断。

　　德国艺术史学家恩斯特·格罗塞将原始部落的装饰图案分为字形、产业标记和部落徽章，这是源于对自然的模仿和生产工艺，其节奏原则是在工作中发现习惯性的表达并在后来专门去扩充有节奏感的花样，对称原则或者是用具和武器因为合用才产生的形式上的需要，或者是有含义的字形的结果。更有价值的推断是，原始器物在装饰"题材和形式上贫乏和简陋，是他们生产方式所决定的精神及物质的贫乏的结果和反映"，而且装饰图案题材从动物到植物"实在是文化史上一种重要进步的象征——从狩猎变迁到农耕的象征"。从精神文化这层意义上来看，装饰的动机本源在于人的内心需要，我们将其视为一种文化本能，人类对美好生活的追求在艺术家手里得以呈现，所以现代诗人卞之琳曾用饱含诗意的句子渲染了装饰的作用："明月装饰了你的窗子，你装饰了别人的梦。"其实，对于今天的许多人来说，可能仍然存在与原始部落的人同样的心理感受，容易对寂寥而单调的空白空间产生恐惧感，在东西方文化语境中，人们似乎都无法接受没有装饰的春节或圣诞节。人需要装饰，这是无法根除的情感，但前提在于"度"。

主张功能第一的现代主义设计之所以极力去除装饰就在于装饰过度，但奇怪的是，装饰艺术运动与之相伴而行。两者都肯定机械化的生产方式，在设计形式、材料使用等方面也相互借鉴、相互影响，所以王受之将其视为一场承上启下、具有国际性的形式主义运动，是东方和西方结合、人性化和机械化结合的尝试。人们重视工业设计产品的艺术装饰，我们认为这种现象其实可以追溯到 19 世纪的英国，罗伯特·皮尔意识到艺术是商业元素，最艺术的产品将赢得市场，因此主张英国政府建设国家美术馆，"并不只是为了满足公众的要求，国家对于美的艺术的各种赞助也符合我们产品的利益。众所周知，我们的制造商优越于所有外国竞争者之外，首先与机器相关，然而不幸的是在形象设计方面他们却并非同样成功，这种设计在按用户的趣味组织工业生产方面是非常重要的"。

1925 年，在巴黎举办了国际装饰艺术与现代工业博览会，从展会名称上可以看出现代工业产品与装饰艺术之间的关系，不过它宣传的是法国"历史主义和新艺术主义的奢华装饰路线"，同时"追求源于风格派和构成主义的极简主义及几何美学，这种风格在 20 世纪 20 年代的法国以及其他以法国为美学典范的国家被广泛采用"。从历史角度来看，装饰艺术运动力图弥补现代工业产品在形式美感上的不足，因而追求风格华丽的装饰，让产品的机械感和现代化特征更富有美感，以满足有能力消费的人群对产品形式美感的需求，这与其后的后现代主义设计以及今天所谓的新装饰主义有某种程度上的相似。其装饰理念集中体现在法国室内与家居设计、产品造型设计、视觉传达设计、陶瓷与玻璃设计等领域；在肯定机械生产的同时也主张采用新技术、新材料以及新的装饰手法，以满足特定人群的需求。因此，装饰主义是一场现代设计运动，其视觉语言通常是各类几何形状、绚丽的色彩和金属质感，较为充分地体现出时代特征。换句话说，装饰并未被时代所抛弃，它只是被设计师融合到产品的结构中去了。即使在典型的国际现代主义设计中，设计师也没有完全否定装饰本身，而是将它转换为一种新的形式，使产品结构本身表现为产品的装饰，即在装饰融合到结构的过程中，通过材质与色彩等要素来丰富产品的形式感，从而建构出另外一种装饰的效果。美国洛克菲勒中心大厦入口处的墙面装饰就是国际装饰主义设计的典型案例。

装饰艺术运动的服务对象是高端消费人群，故而尤其重视材料的使用。如前所述，对材料的创造性利用本身就是为功能服务的直接体现，而且与充满形式张力的装饰息息相关，因为许多产品需要通过装饰来提升其价值（想想印在廉价纸上的墙纸图案）。在传统造物与现代设计历史中，我们已经看到太多与装饰紧密结合的例子。装饰艺术运动时期的设计自不必说，中国商周青铜器上繁缛的立体纹饰、中国古代建筑斗拱上绘制的各种符合规制的纹样、美国长途汽车车身上的"灰狗"品牌形象、日本佳能与尼康相机上的抓握式防滑纹路、中国高铁列车流线型的造型与车身涂装等，其实都是价值的体现，主要落脚点就是应用艺术。所以装饰的价值不只是体现

图1-5 罗伯特·鲍菲尔斯设计的巴黎国际装饰艺术与现代工业博览会的宣传海报

图1-6 美国洛克菲勒中心大厦入口处的墙面装饰

在纯粹的美化上，它还可以成为结构或功能的一部分，甚至可以被认为是一个工程方法问题，这与产品结构和装饰材料的制造逻辑有很大的关联性，这在中国古代木质建筑中有所体现，即装饰更多地指向一种观念性结构。

关注过宁波保国寺大殿的人，或许会对大殿核心区域里的16根瓜棱柱感兴趣。已有研究表明，在这些不同结构的瓜棱柱中，有9根整木瓜棱柱、4根瓜棱拼合柱、2根包镶式瓜棱柱和1根特殊构造的瓜棱柱。相对而言，这种柱式比普通圆柱式更富有形式上的美感。在圆木直径达不到承重要求的情况下，该做法其实就是一种技术解决方案，小材大用，既解决问题、节省资源，又丰富了结构的装饰效果。由此可见，当装饰艺术被纳入功能体系中时，它所使用的材料以及由此形成的图案、色彩与寓意，就会被直接分解到产品的各类属性之中，综合形成产品设计与实用体系的功能价值，而这些都会成为现代设计所考察的社会文化和设计审美等方面的研究课题。从这个角度出发，我们就比较容易理解装饰是如何超越技术涵盖的范畴而自成体系的，这也为理论研究者提出了与审美艺术相关的问题。

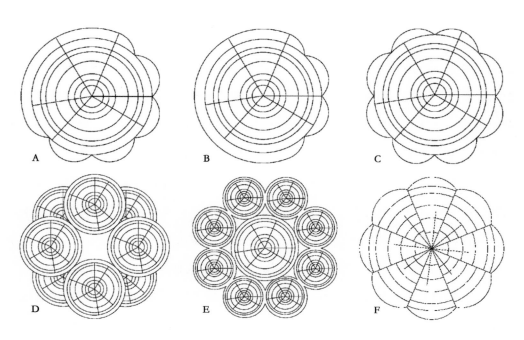

图1-7　宁波保国寺大殿不同结构的瓜棱柱剖面示意图，A、B、C为整木瓜棱柱，分3/4带瓜棱、1/2带瓜棱和整木带瓜棱，D为瓜棱拼合柱，E为包镶式瓜棱柱，F为特殊构造的瓜棱柱

瓜棱柱的结构性装饰并非孤例，也不仅仅存在于建筑设计中，而且这种建构观念显然不是学习西方设计经验的结果，而是一种非常中国化的造物思维模式。《诗经·鄘风·君子偕老》中曾记载了一种称为"绉"的细纱："蒙彼绉绤，是绁袢也。"绉纱质地轻柔，以之为织物，表面凹凸起绉，故名之；绉纱不会因汗水而贴在肌肤上，故常被用来编织夏天穿的葛衣，凉爽又舒适。以此可以看出，绉纱表面凹凸起伏的编织工艺既有功能上的需要，在视觉上也形成了一种特殊的装饰效果，它能成为衣服原材料的前提就在于其本身的精细和巧妙的织造工艺。南宋王明清的《挥麈录》中曾记载了一种椅子，"用木为荷叶，且以一柄插于靠背之后，可以仰首而寝"，文中的"荷叶"，即合页（铰链）。王明清描述的木质合页并不是简单附加在椅子上的装饰性零件，而是管控椅子靠背折叠的重要构件，介于实用品和装饰品之间。我们可以想象一下人躺在上面休息时椅子的造型，这其实也是一种审美体验。

再让我们回到工业时代的装饰问题上来。被称为现代主义设计先驱之一的阿道夫·路斯在文字描述中扛起了装饰与功能分离的大旗，但在行动上却没有离开装饰，他的建筑作品处处都存在着不那么繁复的装饰。难道是他的言行自相矛盾？不完全是，因为阿道夫·路斯的装饰概念与我们理解的并不一致。美国建筑设计师路易斯·沙利文曾提出"形式追随功能"的论断，他在1892年曾写道："如果我们能在一段时期内完全放弃装饰，以使我们的思想敏锐地集中于形式完美的建筑上，这对我们的审美情趣一定大有好处。"贡布里希认为，这段话的道德含义不容忽视……在古典传统中，没有华丽的外表装饰被认为是优秀的审美情操的标志。阿道夫·路斯与路易斯·沙利文有联系，再加上他与约翰·拉斯金一样反感公共场所的装饰，因此他的装饰带有现代文明社会的道德观念，墙上的一根装饰线、大理石上的花纹都不是装饰。这与后来国际现代主义设计以及今天的装饰概念都不太一致。阿道夫·路斯认为，装饰应该作为实用性的艺术而走到审美之前，帮助现代社会缔造新的审美范式，这一点的确具有前瞻性视野。不过，阿道夫·路斯的作品带有明显的资产阶级审美趣味，虽然不依赖手工作坊的工作方式，但难以批量生产，这与大工业时代追求民主化的现代主义设计师的作品大相径庭。可见他理解的装饰并没有定义在大众之中，相应地，他也从未设计过现代主义风格的作品。

简要回顾从约翰·拉斯金、阿道夫·路斯到装饰艺术运动中所提的装饰概念，就会发现他们所倡导与实践的其实更偏向于个性化、艺术化、精神化，也更富有装饰性。如前所述，这样的装饰性虽然有社会道德的成分，但这种成分显然不是功能化的存在，其来源主要是中产阶级的审美趣味，与现代主义设计关心的民主化、工业化、规模化过程中"无装饰性形式"的问题关联并不多。在这一过程中，阿道夫·路斯等人曾思考过类似的问题，但不是如格罗皮乌斯、密斯·凡·德·罗等人从实用的物质需求的角度出发，而"实用的物质需求"应该是 20 世纪现代主义设计更能获得大众认同而形成广泛影响力的主要砝码。

比较而言，在阿道夫·路斯的装饰定义中，隐藏着否认大众需求的潜台词。而现代主义设计的实践者顺应工业化的潮流并突破手工艺的樊篱，试图为新时代的现代大众生活创造出一套设计符号系统。从社会学的角度来看，这套设计符号系统在很大程度上与设计师的社会理想联系在一起，正如格罗皮乌斯所说："洛可可式和文艺复兴的建筑式样完全不适应现代世界对功能的严格要求和尽量节省材料、金钱、劳动力和时间的需要，搬用那些样式只会把本来很庄重的结构变成无聊感情的陈词滥调。新时代应该有它自己的表现方式。"当我们翻阅勒·柯布西耶的《光辉城市》时，诸如"现行的社会体制故步自封……让我们来改变这个体制""'革命'完全是个建设性的观点""我已经创造了一个无阶级城市的原型，在这个城市里，人们醉心于工作，身边环境让人身心放松，这一切使'无阶级'成为可能""唯一的解决之道就是建立起新的秩序，并用一种社会机制保证它的实行"……这样的言论扑面而来。设计师的理想实际上指出了设计符号的社会与文化意义，当我们回顾现代设计的历史时，或许也应该对在装饰中发挥重要作用的设计符号或有着明确意象的图案给予一定的思考。

图案并非完全是自然景观的模拟或抽象几何的变形，在概念上也不必完全等同于装饰。《现代汉语词典》对图案的释义为："有装饰意味的花纹或图形，以结构整齐、匀称、调和为特点，多用在纺织品、工艺美术品和建筑物上。"与该词相对应的英语单词常为"pattern"，其释义除花样、式样外，还指模型、模式、模范，做动词时还指模仿；日语单词为"図案"或"パターン"，有装饰、模样、模型、意匠、定规、形态等多种虚实相生的含义。有研究者将图案两字拆开来解释，认为"图"是设计终究要通过视觉表现的不可回避的载体，"案"是方案，是预想好的"计谋"，其实也包含了实、虚两个层面的内容。凡此种种都可以看出图案本身指涉的内容相对明确，特别是其中包含的物质化、形态化的倾向，似乎更能说明它的意义所指。需要说明的是，英语、日语单词释义中的式样、定规、意匠等直接关联到本书所论的工业设计主题，这正是我们拟对图案予以阐释的理由。

贡布里希在论述"自然的图案"时得出一个结论，正是混乱与秩序之间的对照唤醒了我们的知觉。与混乱相对的秩序是贡布里希带领我们开启装饰与图案心理奥秘大门的钥匙。他首先看到自然界中的动植物等"有机体呈现出某些式样的可见图案必定具有用处"，这样的用处包括彼此相反的两面：隐蔽与暴露。隐蔽的规则是运用平衡率降低静止时的分布状态和运动中的出现频率，暴露的目的是吸引注意或发出警告。但无论是隐蔽还是暴露，其出发点都是生存与繁衍，有着非常明显的功用目的。与此相应，从属于大自然的人类，其文化之根在本质上也是学习或者模仿自然图案而生发的结果：文字脱胎于自然留下的印迹，艺术来源于自然的形态、声音、轨迹，甚至人类社会的战争与诡辩术，也都是对动植物隐蔽抑或暴露之求变心理的模仿。我们熟知的约翰·拉斯金、威廉·莫里斯对手工艺的推崇，新艺术运动对动植物的模仿，其实都向着自然给予的启示直奔而去。他们的作品说明了一切。

图 1-8　莫里斯设计的图案

贡布里希相信，经过自然与文化的类比、检验，人类文化可以得益于由此而生的秩序。有趣的是，在这种秩序中包含那些经常出现的几何图形，这是什么原因造成的？显然，这不是浪漫主义宣传的"自然憎恶直线、偏爱曲线"，按照贡布里希的说法："正因为几何形状在自然界中很少见，所以人类的脑子就选择了那些有规律的表现形式，因为它们显然是具有控制能力的人脑的产物，所以，它们与自然的混杂状态形成鲜明的对比。"也就是说，几何图形是人的主观控制与创造的结果，就像被选择出来的象形文字区别于杂多的或具象或抽象的符号一样，图案的装饰意味与意义也是从自然的混杂状态中被选择出来的结果。不过，贡布里希本人对结论缺乏信心，他没有回答人类究竟选择了哪些"有规律的表现形式"。德国艺术史学家恩斯特·格罗塞回答了这一问题，他援引一位研究者实地调查后的话说："这些外观看上去像几何形的图形，其实是减缩化了的实物的描写，而尤以动物的为多。"作为有规律的表现形式，这些几何图形大多取自动物表皮的花纹，而且很多还是局部描绘，当描绘得非常图案化时，研究者会误以为这些图案是独立的几何形绘画，与自然无关。

当然，还真有一类图案与自然没有直接的关联，它们产生于器物制造工艺。譬如，先民在陶罐上留下的绳纹、藤条纹、编织纹甚至手印纹；工业化社会中尼龙编织袋上的条形纹、灯泡上的螺口纹、汽车前脸上的栅格纹，不一而足。很明显，工艺类图案与器物、产品的功能形态相关，与前文提到的结构性装饰在概念表达上其实是同义反复。恩斯特·格罗塞提到的工艺题材的图案，在工业化社会已成为机械美学的重要组成部分，多数情况下，它以内在的功能美将机器生产技术与产品消费者的视觉美感协调起来。为了更好地做到这一点，产品生产商往往会聘请设计师参与产品开发与生产环节，目的就是要提升产品外观的视觉品质，如此就能够增强产品在市场中的竞争优势，同时也美化了人的日常生活空间。

毫无疑问，无论是何种图案都会依循一定的造型法则，也就是说图案基本构成单位的重复、对称、节奏等可以确定的原则或定规都带有人对自然直接或间接处理的理想化色彩。担任过1851年伦敦世界博览会展馆工程负责人的英国建筑师欧文·琼斯说过，"真正的艺术在于使自然形式理想化"，理想化的追求类似于语言学里的修辞手法，既能让表达与风格处于某种规范之中，又能让基本元素的组合方式灵活多样，从而满足不同的表达要求。如果认同这一点，那么我们也应该能够理解设计为什么需要技术与艺术的结合，图案为什么需要在艺术形式中加入理性构成的法则。然而，设计与图案问题的复杂性也存在于技术与艺术、理性与感性的相互纠结中——在技术变革与生产方式不断更新的历史语境中，并不存在一成不变的美学标准，换言之，对图案与设计的理解存在许多概念认知。

现实世界就是如此复杂多样，人们需要不断更新自己的思维方式，提升线性历史上的造物品质，使图案或设计在新需求的刺激下得以多样化发展。在这一过程中，发挥关键作用的应该是人的创新意识，也就是需要结合实际情况不断深化认知。这在中国现代设计史上已有所体现。譬如，李朴园曾经用文学化的语言给图案下过一个定义："图案，可以说是艺术与大众的一道鹊桥。因为图案是装饰艺术，是单以纯美为条件的，所以用不到如何深奥的思索，一接触到眼睛，便感到美好，图案接触得多，美的常识自可一天天启发起来，也是艺术到人间去的一个开路先锋，这先锋是不可少的。"雷圭元将图案与实用技术和经济、生产等社会要素相关联，认为"图案是实用美术、装饰美术、建筑美术方面，关于形式、色彩、结构的预先设计。在工艺材料、用途、经济、生产等条件制约下，制成图样、装饰纹样等方案的通称"。也就是说，图案作为一种预先设计或问题解决方案，广泛存在于大多数的设计门类之中。汪亚尘则看到了装饰与图案的社会功能："要在一般的商业工业方面去应用，工业不能离开装饰……工商竞争，第一，在发明、设计、意匠种种，试问这几种，是不是要尽量容纳图案？"

还是回到概念上来。早年曾留学日本的艺术家陈之佛将"图案"意译为"设计"或"意匠"。"意匠"也曾出现在中国文学典籍中，如西晋陆机《文赋》中的"辞程才以效伎，意司契而为匠"，意思是"文辞展示作家的才能，使其为作品的艺术技巧服务；立意取舍，应使其契合无间，工巧如匠"。如今我们不再将图案当作设计的另外一种代名词，但由"意匠"一词延伸开来的"立意取舍如匠"却丰富了图案的内涵。概而言之，立意即创意，取舍即方法，如匠则是一种精神。这或许就是图案的意义所在，从它的含义中我们可以明白图案作为装饰的价值与目的，即实实在在的图案能给生活带来什么。今天，政府提倡"工匠精神"的目的也是希望借由精益求精的工作态度和美美与共的社会精神，给人们带来更高的生活品质。换言之，图案蕴含的工匠精神其实就是一种艺术精神，超然中伴随着严谨，而且我们切实能从优秀的设计师草图、方案里看到这种精神。倘若这样的表述很含混，我们倒是很乐意保留这种概念上的含混，毕竟两者之间有相关的内容。概念意味着价值判断，从概念中可以看出历史审美趣味的演变，这种演变往往也是社会文化与艺术的价值演变。

第二章 中国工业设计萌芽期的理论基础

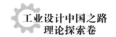

　　中国工业设计及其观念是在什么时候，通过什么方式、步骤起步的？倘若言及中国现代工业的起步与发展，我们尚可从诸多工业、商业等文献中找出比较详细的线索。刘大钧在《上海工业化研究》中提到，我国新工业发源于同治初年，故言新工业史者皆自同治初年时。除用表格较为细致地罗列了当时工业历史分期的研究成果外，刘大钧还综合各家意见，提出中国工业发展历程具有如下几个特征，即军用工业、商品工业、外人兴业、政府提倡、民营进展、官民合作力求进展与衰落等。但要考察中国工业设计在起步与萌芽时期的基本情况，却是一件比较困难的事情，因为在现代化进程中缺少类似于伦敦世界博览会、巴黎国际装饰艺术与现代工业博览会以及德国工业同盟、包豪斯设计学院等标志性的事件与机构。更重要的原因是大多数产品或者直接从国外购买，或者在国外工程师的指导下进行最后组装，唯独缺少关键的技术研发环节，所以历史条件导致了设计观念在中国工业设计萌芽期的缺失。在这种情况下，有关中国在现代化早期的工业设计的学术性研究文献可谓凤毛麟角，相关文献也是支离破碎的。不过，如果我们将工业设计置于中国社会工业化与现代化的历史视野之中，那么与之相关的问题还是可以集中探讨的。基于这样的思路，本章将结合上一章的有关话题，继续考察中国在现代技术、文化与审美语境下的造物观念，同时以西方现代工业设计经验为参照，重点探究民国时期工业与日用产品生产与设计的基本状况，并捕捉现代主义设计在中国留下的印迹与影响。

第一节　技术与美学观的脉络梳理

埃米尔·杜尔凯姆将技术视为社会学的一个分支，理由是人类使用的各种器具都是集体活动的产物，而这些器具已经表明了文明与工具之间、社会本质与工具之间存在着非常确定的关系。也就是说，技术（其载体为器物、工具）是作为一种通过解决社会问题并由此确立"文明－工具－社会本质"关系的手段而被纳入社会学之中的。这是杜尔凯姆于1901年提出的观点，而同时期的中国清政府宣布实施"新政"、与列强签订《辛丑条约》、惩办反洋教的王公大臣，因而整个社会尤其是政界、学界，更侧重于关心社会改良与变革，如梁启超发表《立宪法议》，提出了"预备立宪"，而秦力山等人在日本东京创办《国民报》，以"唤起国民精神"为宗旨，介绍西方资产阶级的自由、平等和人权学说。尽管当时有曾国藩、张之洞等洋务派大臣的提倡与支持，但只有屈指可数的人在做与科举考试无关的事情。1901年，在社会上引起反响且与科学技术相关的事件是兵工学家徐建寅在湖北汉阳试制火药时被炸身亡，他是晚清著名科学家徐寿之子，著有《造船全书》《兵学新书》等。

在梳理中国工业设计萌芽期的科学或技术观时，徐寿父子、华蘅芳等是不能被忽略的关键人物，但是他们在中国设计学界鲜有人提及，殊为可惜。仅以徐寿为例，窥见一斑。作为中国现代化早期杰出的科学家，徐寿在军工制造、化学、翻译、教育等领域取得了令人叹服的成就。他早年放弃科举而潜心研究西方格致造物，尤其推崇实用之学，他曾在《格致汇编》创刊号中写道："盖欲使吾华人探索底蕴，尽知理之所以然而施诸实用。"也就是先要探求事物存在的原理，天文、地理、算术、几何、化学等正是探究原理的学问，知其所以然后再据此进行生产制造。在学习与实践的过程中，徐寿特别强调试验的重要性，其出发点自然是实事求是，物尽其用。他说："尝观古人试验一事，竟有千百次而准者，概可想见矣。故学者不可以省事为先而以准数为次，尤不可臆度虚猜而不试验。若犯此病，断不可为求数之事也。"在我们看来，他的这种观念带有工程技术学方法论的意味，即讲究依托原理来设计有用之物的过程，尤其是依循试验性、功能性以及性价比等原则解决实际问题的过程。这也应该是设计实践的方法论或原则，体现出的是实用技术系统性创造与应用方面的真实效用，若联系到现代工业产品（如汽车、家具）设计在概念、材料、工艺、性能、市场等因素上的复杂性，我们或许更能体会到"不可臆度虚猜而不试验"的价值。

有意思的是，徐寿从他个人对化学的兴趣出发谈及实用价值时说："化学各事，初视似无意趣，然久习之，实属开心益志，且与民生实用大有益，故比诸别学尤宜玩索。"王充在《论衡·超奇》中有言，"凡贵通者，贵其能用之也"，能灵活运用所学知识服务于民生是徐寿的目标，也是现代设计师的理想。徐寿眼里的化学方程式和优秀设计师眼里的作品，想必都饱含着一种真诚的、与思想交流的乐趣，换句话说，如果能凭借充沛的情感来完成所有的工作，那么他获得的乐趣（成就感）可能就超乎想象，而由此产生的思想或许会走得更远。徐寿从化学中得到的乐趣，借用朱光潜的话说，"不是通过对公式的掌握，而是通过对精神实质的心领神会与

图 2-1　徐寿

图 2-2　蒸汽机木质明轮船示意图

从中得到的潜移默化"，虽然这是对艺术的一种领悟与升华，但谁又能否认徐寿从化学中得到的不是同艺术一样的快乐呢？所以，无论是从科学技术中获得的乐趣，还是从艺术中获得的快乐，本质上都是技艺本身的表达语言体现出以智慧提升生活品质的美好信念。所谓"经世致用"，不正是徐寿生活的那个时代的主旋律吗？只是相对于同时代的人，徐寿逐步掌握了求真务实的西方格致之学，这种学问所用的语言显然属于超越那个时代的"高科技机器美学语言"，在当时内忧外患的历史语境中，这种机器美学语言赋予人的是自信与自豪。且看曾国藩《曾文正公手书日记》记载："华蘅芳、徐寿所作火轮船之机来此试演。其法以火蒸水，气贯入筒，筒中三窍，闭前二窍，则气入前窍，其机自退，而轮行上弦；闭后二窍，则气入后窍，其机自进，而轮行下弦。火愈大，则气愈盛，机之进退如飞，轮行亦如飞。约试演一时。窃喜洋人之智巧，我中国人亦能为之。彼不能傲我以其所不知矣。"作为朝廷重臣，曾国藩看到的是技术设计带来的政治意义，即推开闭关锁国的铁幕，全力冲破西方列强技术垄断的樊篱而谋求国家自强。当政治家认识到技术智慧对于国家和民族的重要意义时，科学家抑或设计师的价值就能转化为社会进步的直接动力。

让我们尤为感兴趣的是徐寿将化学当作"宜玩索"的对象。玩索，即在玩乐中探索求真务实的学问。人们常说"兴趣是最好的老师"，因兴趣而走上成功之路的例子屡见不鲜。重要的是，每一位成功者想必都是情智双优的综合体。在某种程度上，情商、情感或者情操对艺术家、科学家、工程师、设计师来说同等重要，因为它们一方面意味着灵活、迅速处理事务、解决问题的理解力与决断力，另一方面也代表着趣味和爱好，甚至"趣味就表示某种选择原则，也就是所谓的'美的理想'"。从这个意义上讲，技艺从未分离，美术就是美的技术，这样的观点在人的生产与生活中随时都可以得到印证。其实，先哲孔子早已有言："依于仁，游于艺。"艺者，礼、乐、射、御、书、数，"六艺"本指商周时期士人、武士的六种技能，到了孔子生活的年代，其范畴被修改为诗、书、礼、乐、易、春秋，是为六经。从"艺"的技能属性转换到"经"的社会伦理属性，儒家思想底蕴由此开始形成。虽然孔子将研索技艺视为"鄙事"，也就是技能或技艺其实"都是'鄙事'的同义词"，但这是他受到"贵族君子的阶级立场的限制"的结果,并非技艺自身属性的问题。事实上,技艺、技术或技能带给人的是自由,技艺越高超,自由度也就越高,《庖丁解牛》的故事形象地说明了这一点。庞薰琹认为装饰艺术属于设计艺术,限制很多,必须考虑到各种条件与要求,但大巧若拙,凭借丰富的实践经验和反复推敲,就能"化限制为自由"。明乎此,再来看徐寿的"宜玩索",我们发现它的源头或许就在"游于艺",其中"游"字是关键,它能帮助我们理解技术与美学观念之间的脉络连接。

游,通"遊",解读甚多,含义丰富,但游玩、游学为其本意。《诗经·邶风》有"以敖以游"句;《礼记·学记》有"息焉游焉"句,《康熙字典》解释为"无事闲暇总在于学";朱熹《四书章句集注》释曰:"游者,玩物适情之谓……朝夕游焉,以博其义理之趣,则应务有余,而心亦无所放矣。"朱熹的注释将游与物、情、义、理、务、心联系起来,显示出他博采众长的一面,同时也让我们看到儒家主张修身明道、据德依仁而达义理之趣、优游之境的途径是六艺之学,关键还能"应务有余",也就是若勤于技艺之学,处理事务时必能游刃有余。这是实用价值观的体现,在实学思潮兴起的晚清民初历史环境中,这样的价值观无疑会得到有志之士的接纳与实践。梁启超就认为有志之士已"厌倦主观的冥想而倾向于客观的考察",由此引来中国近代"科学之曙光"。正是受这种科学思潮的影响,徐寿等人从传统典籍中摘取与格致相关的内容,认真研究并加以应用,彰显出对理性的精神追求,蕴含技术哲学与科学价值的特质,同时又不脱离游、玩的自由性情,具有艺术哲学与感性诉求的倾向。可见,至少在洋务运动时期,美的技术已初见端倪。

循此思路,当我们检索同时期西方现代设计师的美学观念时,发现美国设计大师弗兰克·劳埃德·赖特在一篇写于1901年的文章中谈到,金属制成的现代铸件的过程——最完美的现代机器之一,可以让任何的形态变得平整光滑,而在其中永远流淌着对于最精致的诗意感的想象,在每一个看到它的人的心里都是如此。受到日本美学影响的赖特想要表达的是,现代机器制造出来的产品形态应该富有美感,这样观者就可以从中感受到诗意般的美。显然,这已不同于"宜玩索"的情性而转向平整光滑的"有机形态"美。有意思的是,李约瑟将朱熹的"理"学解读为"有机主义哲学"，原因之一在于，鉴于"理"字包含"模式"的意思这一事实，以及朱熹本人有意应用它来概括为人所知的最有生气和活力的模式，因此，在理学家的头脑深处确实存在着某些"有机体"的观念。无疑，李约瑟的哲学解读丰富了中国传统文化的内涵，这是与赖特的有机形态或形式可以互为补充的内容。与功能主义的造型相比，产品有机形态的生命力并不完全取决于功能，赖特的有机形态建筑设计作品以及现代设计史上的流线型汽车、家用电器便是典型的例子。而在产品设计内容方面，如果结合李约瑟的"有机体"解读，那么我们就可以尝试将朱熹的"有机主义哲学"视为中国产品设计文化的源头之一。换言之，文化基因的存在能有效决定现代产品设计的民族情感与特色，民国时期的插屏钟或许已经说明了这个问题。

1915 年，在美国巴拿马太平洋万国博览会上，上海美华利钟表行选送的各类钟表获得金奖、优质奖等多个奖项，其中就包括插屏钟。插屏钟，又名本钟、苏钟、南京钟，是明末清初在南京根据西洋钟改造的钟表，民国初年美华利钟表行将其作为主打产品进行机械化量产，赢得了不少市场份额。该钟的制作工艺相当考究，材料选用红木、象牙、螺钿等，整个产品由底托、屏座、屏芯和钟表四个部分组合而成，其中方正的钟表像屏风一样被安插在屏芯中，故此得名。与现代装饰主义风格类似，插屏钟各部分或雕镂，或镶嵌，钟体上的各种纹饰与造型如金菊、团花、牡丹、海棠、

图 2-3　插屏钟

图 2-4　表现美华利钟表行制表工工作情形的版画

翠竹、青莲、碧荷、金狮、锦凤、白鹤、蝙蝠、紫鹃、蕊蝶等，让产品显得典雅精美、清秀娟丽而又古色古香。该钟的造型与摆放也颇有讲究：方形外壳与圆形钟面相得益彰，契合"天圆地方"的审美观念；插屏钟摆放在案几上，取其谐音，有"平平安安"之寓意。可以看出，插屏钟的设计理念与当时的审美观念与消费文化有机结合，符合中国人熟知的文化气息与生活模式。须知，一切生机均有赖于恰当的生存环境，文化的生成亦是如此。《管子·九守》中记载，"名生于实，实生于德，德生于理，理生于智，智生于当"。"当"指恰当、正当、合宜、和谐、有机……本质上"就是一种秩序原则，是事物的正当而合宜的配置和分布的原则，不论是在宇宙方面还是社会方面"，李约瑟如是说。那么，当代中国工业设计应该呈现出什么样的有机形态？

从社会学的角度来看，民国时期的社会关键词已转换为民主、科学、工业、国货等彰显时代特征的词。按照米歇尔·福柯的观点，词或语言是"物的书写"，"它被置放于世上并成为世界的一部分，既是因为物本身像语言一样隐藏和宣明了自己的谜，又是因为词把自己提供给人，恰如物被人辨认一样"。米歇尔·福柯认为，词书写了物，从而打开了人与物相互关联的世界，这样的观点与李约瑟的"有机主义"多少有些联系，只不过米歇尔·福柯侧重于词作为社会文化的符号意义，而李约瑟更侧重于社会与自然如何组织的方法论。毋庸置疑，设计作为一种表达语言，具有符号意义和方法论上的双重属性。通常情况下，在意义层面，我们将其指向设计的美学与文化内涵；在方法层面，我们则将其指向设计的问题与技术理性。联系到民国时期的历史文化背景与工业产品，民主与科学可以被当作工业与国货（产品）存在的重要历史背景。民主包含社会运作、反抗专制和人文精神三层含义，科学包含方法论、物质技术与人文精神。但在当时以《新青年》为代表的言论阵地，由于弱化或遮蔽了西方民主作为社会运作方式、科学作为物质技术的原初含义，以致民主与科学流于空泛和粗疏。再加上传统中国缺少西方民主和科技观的土壤，因此是否对当时的工业产品生产与设计产生过影响，其实是一个值得仔细探讨的问题。不过，继康有为"定为工国"和张謇"实业救国"之后，工业化与国货运动中"为国争口气"

的民族奋起精神，体现出工业化进程及经济思想演进的内在逻辑，在某种程度上也促进了 20 世纪中国民族工业及其观念的形成。以下将分别从以西方经验为参考的设计和民国时期工业化两个方面对这一形成过程中的理论择要论述。

第二节　以西方经验为参考的设计

西方现代技术影响下的中国工业起步于第一次鸦片战争后传教士开办的（半）机器印刷行业，前有 1843 年的上海墨海书馆，后有 1845 年的宁波华花圣经书房。西方传教士引入的机器印刷工业，将字体、纸张、油墨和工艺流程有机整合在一起，显示出技术革新对设计水准的提升价值；将工业革命影响下的机器印刷生产方式引入中国，让传统手工雕版印刷逐渐消隐，有益于中国印刷技术的现代化转型发展；印刷字体的模块设计观体现出的是技术理性、生产效率、分工协作等现代技术启蒙所涉及的主要内容。从机器印刷的流程、技术启蒙和转型中可以看到从迷雾中逐渐走出来的现代设计的朦胧身影。自从林则徐、魏源、冯桂芬等有识之士积极"开眼看世界"并提出"师夷之长技以制夷""中体西用"等主张之后，人们开始反思"奇技淫巧""重农抑商"等旧有观念的实质与不足。特别是洋务派提出发展机器工业的要求，标志着中国经济思想开始由"农本"转入"工业化"，机器与工业、标准与量产、公司与管理等中国现代工业化思想开始萌生，以西方经验为参照的工业产品设计观念也由此发轫。

机器与民生是首先应该关注的问题。1867 年，当约翰·拉斯金、威廉·莫里斯等人因痛心疾首于机器生产带来的"丑陋"产品而沉醉在手工艺世界之时，马克思的《资本论·第一卷》发表。在这本划时代的经典著作中，马克思论述了"机器与大工业"的关系，并简要阐明了机器使用的目的，提出"机器是生产剩余价值的手段"。资本主义生产的实质是剩余价值的生产，剩余价值的概念是"企图揭露资本家剥削劳动者的性质，以及说明经济发展和垂死的资本主义的运动规律"；因此，人们就容易理解机器作为手段的重要价值和意义了。特别是在经济发展和资本主义运行规律方面，"现代机器制造的奇迹比人类生活习惯的改变要多得多"，资产阶级早期维新派代表人物薛福成在《用机器殖财养民说》中也看到了机器的效用："西洋各国，工艺日精，制造日宏，其术在使人获质良价廉之益，而自享货流财聚之效，彼此交便，理无不顺。所以能致此者，恃机器为之用也。"即使在二十世纪二三十年代"工业之资金大半不甚充足"的情况下，机器生产的比率在整体上也呈现出逐年增加的趋势。比如，与 1927 年相比，1937 年煤矿、铁矿的机械开采比率分别从 73.2% 和 69.1% 上升到 84.3% 和 89.3%，而生铁冶炼的机械比率从 59.1% 提高到 86.7%。事实上，早在洋务运动初期，李鸿章等人就已经认识到机器于国于民的重要性，1865 年 9 月 20 日，他在《置办江南机器制造总局奏折》中写道："机器制造一事，为今日御侮之资，自强之本。"所以，一旦以机器为主导的制造行业成为产品生产常态，它很快就会构成国家产业经济的基础，并与国计民生直接关联。

与民生相关联的是生活起居用品，而家具是产品设计中的重点。其中的经典案例，莫过于迈克尔·索奈特在 1859 年推出的 14 号椅。索奈特被称为现代家具设计的先驱和开拓者，他的重要贡献是研发出了蒸汽曲木技术。这种技术既可以缩短产品生产周期、降低生产成本并实现批量化生产，又可以创造出简洁优雅、灵活轻巧的曲线造型家具，从而摆脱了传统家具的笨重感和沉闷感。14 号椅是一把能够批量化生产的椅子，它的零部件包括 6 根弯曲木条、10 个螺丝以及 2 个螺帽，可以自主组装和拆卸，并可用一个平板式包装箱装下 36 把椅子。因为方便批量化生产和运输，所以其成本大为降低，并得以惠及全球消费市场，甚至出口到晚清时期的中国。图 2-5 中右边的照片题为《1912 年的中国年轻人》，他坐的就是 14 号椅，"虽然我们并不清楚照片拍摄的地点与背景情况，但图片本身所传达的信息就已经能够让人深切地感受到西方近现代设计发展与中国日常生活的密切联系"。这把椅子来到中国，出现在照相馆、商贾之家、饭店、咖啡馆以及其他不同场合，本身就说明机器生产的产品数量之多且便于长途运输，足以在全球消费市场产生影响力。其后出现在中国

图 2-5　14 号椅（左）、平板式包装中的椅子（中）、1912 年的中国年轻人（右）

的现代主义设计风格的钢管椅，其实也是机器标准化量产的结果。

　　这种标准化的思想也影响到了二十世纪二三十年代中国工业产品的生产与设计，至少在技术层面是如此。以中国室内装饰与家具设计师钟熀为例。据张光宇先生的文章可知，钟熀曾在法国学习建筑和室内装饰设计十余年，对现代装饰艺术的设计工艺、材料与风格有着很直接、深入的认识，这让他在返回上海创业时就有了相对的优势，特别是在设计技术、材料与资讯方面更具前瞻性。1932 年，钟熀在上海霞飞路（今淮海中路）创办了艺林家具公司，随即与日本商人合作设厂生产胶合板，成为上海最早生产胶合板家具的中国企业。在此基础上，他又采用胶合板技术和日本的机器设备生产家具，避免了实木家具易开裂、曲翘的天然缺陷，从此开创了中国家具设计的新纪元。重要的是，钟熀以胶合板为主材，结合中国传统家具结构与制作技术，采用暗铰链、金属扶手与立体色彩等新式工艺，开发出样式新颖、富有民族特色的流线型家具。这种造型不再是当时常见的西式古典家具风格，而是具有高技术含量的现代设计风格。钟熀"受当时西方立体派艺术的影响，自由运用点、线、角等几何元素设计家具，强调人机工程学，并降低家具式样的高度，以减小家具在室内空间中的投影，从而设计出立体式家具，被视为'立体派艺术输入的先声'"。家具因此体现出中西文化融合、整体造型美观大方的特点，让人赏心悦目。艺林家具公司采用机器生产作业，提高了胶合板家具的生产效率，"具备了从原材料生产到室内、家具设计的整体服务能力"，使得钟烉的家具作品物美价廉，赢得了许多消费者的喜爱。

从上述家具设计的案例中可以管窥机器在民生方面的作用，"如无机器，则近代工业之足以转移人类经济之状况者，亦无从发达"，一言以蔽之，机器批量化生产满足了民生需求。显而易见，这种需求之所以得以满足，关键在于前文已经提及的产品设计的标准化。这也是1914年德国工业同盟在科隆会议上论争的主要问题之一，"那时，穆特休斯正致力于建立在经济和美学背景基础上的标准化，这遭到一些人的反对，他们认为标准化束缚了个体设计师的创造力"。好在标准化在整个工业化社会以及今天的设计中都占据着相对的优势，这就为设计服务民生提供了可行的解决方案。

正是从技术与产品标准化的角度，我们很容易看到标准的价值在于实现批量生产，市场交易也因此才能平等而有效地进行。就产品设计而言，产品制造的标准自包豪斯以来就已经在设计界达成共识，并广泛影响到以技术为基础的整个工业经济。当我们考察民国时期标准化在民生与工业经济方面的概念时，中国机械制造专家顾毓琇的工业化思想值得关注。在《中国工业化之前途》一书中，他开篇就认为"'新经济'之下的工业化，其目的应该是'国防'的与'民生'的"，而工业化的五个特征中就包括"工业扩大化、工业专一化、工业标准化、工业机械化、工业合理化"。围绕国防与民生，以机械生产为基础的工业需要采用专业而标准的技术手段达到一定规模后，才能满足各行各业的物质需求。所谓合理化，也就是产业结构、生产组织、预算管理、行业布局等方面符合工业经济的要求，这种整体意义上的统筹思维与传统的手工业技术标准截然不同，是二十世纪二三十年代民族工业向欧美发达国家工业化标准靠拢的结果。事实上，由国际工业合理化、标准化浪潮唤醒的知识界精英已经意识到标准化的重要性："欲达到产业合理化之目的，固千头万绪，而工业标准化乃其脊柱也。"在这种情况下，南京国民政府成立后不久就开始推进度量衡改革与工业标准化工作，1931年颁布《工业标准委员会简章》，同年底成立工业标准委员会，从此拉开了中国工业标准化的历史帷幕。在某种程度上，工业标准委员会给当时的工业产品，特别是民生产品提供了合理生产、制造与改良的依据。

顾毓琇在《中国工业化之前途》中提到的八项工业化的心理建设包括：（1）以"人定胜天"代替"听天由命"；（2）以"精益求精"代替"抱残守缺"；（3）以"进步中求安定"代替"在安定中求进步"；（4）以"组织配合的整个"代替"散漫零星的各个"；（5）以"准确的"代替"差不多"；（6）以"标准"代替"粗滥"；（7）以"效率"代替"浪费"；（8）以"造产建国"代替"将本求利"。这八项工业化的心理建设有一定的合理性，其合理的成分在于其中存在的整体化思想，当然还应该包括"代替"一词所蕴含的进步或者进化观念。结合二十世纪二三十年代工业化的历史背景来看，顾毓琇总结的八项工业化心理建设，（6）和（7）两项中提到的标准和效率是真正的工业化精神，是工业社会出现的高频率关键词，也是实现产品批量化生产的重要前提条件，其余各项均是针对手工业时代的现象而提出来的改进措施，并不能真正代表工业化社会的精神或心理状态。相反，人定胜天、精益求精等恰恰是农耕文化中手工艺的特征所在。

从某种意义上来说，晚清、民国时期参考西方经验出台的《公司律》《公司条例》《公司法》等法案为工业设计的萌芽提供了条件。试以《公司条例》中的部分条款进行简要说明。1914年1月13日，北洋政府农商部颁布了《公司条例》。这是北洋政府暂时承认并接受了部分清政府修订的法律成果。《公司条例》分为6章251条，其中第3条认定，"凡公司均认为法人"。法人是指一个有"民法上独立财产主体地位的纯法律技术工具"，其"既无社会政治性，亦无伦理性"，"法人的名称权、名誉权等权利无精神利益，实质上是一种财产权，且不具有专属性"。这就等于说，理论上公司的组织结构治理权与投资人和经营者（包括股东、董事、经理等）无直接关联，而与公司的管理团队息息相关。用彼得·德鲁克的话说，"公司的目标是谋取经济利益，因此它必须有一个衡量效率的标准，一个客观的标准，不受任何人感情和意愿的影响"。法人地位在《公司条例》中的确立，意味着中国现代企业已在初步尝试建立分权负责制的组织结构，同时尝试在官督商办上迈出有益的第一步，促进了公司治理结构的科学管理、民主协商的发展态势，有利于产品制造、生产、销售等环节的有效性。在实际操作中，虽然该条例规定了股东会决策权与监察人制度，但法人地位并未能完全落实，因为家族式的管理方式仍然是这一时期中国企业现代化进程中最明显的特征之一。

《公司条例》第 2 章第 3 节是有关无限公司对外关系的内容，也是北洋政府时期公司用以理清其外部关系的法律依据。此节在公司对外关系权、股东业务办理权、损害赔偿与清偿债务之责、股东连带责任、盈余分派原则等方面做出了相应的规定。除此之外，佐藤孝弘所说的"公司法人的本质是合同"也是我们探讨机构外部合同关系的理论依据。虽然北洋政府时期军阀混战导致国内时局动荡，在一定程度上影响了公司法的遵守与执行。但在上海，由于法租界与公共租界的存在，中外商贸交易活动频繁，彼此之间需要依循一定的法律条款来维护自身利益，《公司条例》等法律条文为各大小商业团体的创办与运营提供了法律保障。部分公司建制的民用生产企业自然也在法律规约之内。

众所周知，合同是在商贸活动中买卖双方之间确立的权利与义务协议，是国际通行的平衡贸易双方利益关系的基本制度，其市场主体是平等的法人与自然人。合同又被称为契约、协议，按照马克斯·韦伯的说法，"今天的经济建立在通过契约而获得的机会之上"，即合同是决定生产、宣传、服务等经济活动成功与否的重要前提条件，若缺少合同订立环节，其结果不难想象。相对而言，《公司条例》等法规的价值在于规范公司或企业的创办以及在其运作中股东与公司的关系，虽然其中也有对公司外部关系的规定，但是其重点还是调整公司内部关系。从某种意义上讲，合同是对主体公司法人商业行为的一种规定性补充，也就是说，合同是市场主体（公司、企业、自然人）在社会商贸活动中所遵循的行为准则。简言之，公司与合同其实是主体与行为的关系。

有必要述及这一时期合同中经常出现的"优先权"。"优先权"是具有公益性和人道主义精神的法律制度，但是在中国民商法历史上，"优先权"并未得到规定，笔者着眼于兹主要是因为民国时期在许多产品生产公司、设计公司与官方签订的合同中，"优先权"出现的频率极高，由此似可推断，一般情况下"优先权"是当时公司经营者都很重视的权益，因为这种制度保护的是劳动或服务提供者的利益。从这一角度考察，我们发现那些为工商业提供服务的设计公司获利并不丰厚，如果要维持基本的业务活动，就不能完全遵循市场化的运作，而是需要从法律层面予以扶持，即"优先权"成为业务来源的必要保障。当然，公司之间所签订的合同中"优先权"的约定较少，由此也可看出，"优先权"首先体现的是产品设计与制作企业外部的法律行为关系，其次才是企业内部、同行或服务机构与被服务者之间典型的商业关系。重要的是，公司法人代表的关系已超出了一般私人关系的范畴而进入"正式组织"之内。在这一组织之内，人与人之间的"组织体系"实际上是"规章、制度、方针、政策等规定的企业中各成员之间的相互关系和职责范围"，这与"抱有共同的社会情感而形成的非正式团体"不同，前者还反映出现代公司的存在形态、类型与特点，而这也正是公司法和管理部门着重规定的范畴。

至此，我们可以得出这样的结论：（1）公司与企业外部合同关系产生的基础是自由资本市场；（2）这种关系实际上是商业利益关系的法律化；（3）无论是有限公司还是无限公司，其合法性存在必须由《公司条例》予以保证；（4）合同是法人之间具有法律效应的共同承诺；（5）公司的"优先权"与主动性虽然只体现在合同中，但这是法人或投资人的利益所得，受商法保护。当然，合同关系是商法中的重要内容，它为《公司条例》之外的独资与合伙企业提供了相应的法律保障。

第三节　民国时期工业与日用产品设计

机器生产是人类社会走向工业化的标志。洋务派兴办军事工业的同时，也发展民用工业，李鸿章认为这是"可免利源之外泄"的"富强之基"。这批采用机器生产的工业化企业在重重障碍中起步，为晚清乃至民国奠定了工业化生产与制造的思想基础，资产阶级维新派的"定为工国"及发展中国资本主义的主张即由此产生。在第一次世界大战让欧洲列强无暇东顾之际，中国传统经济中又多了民族工业资本的成分，尽管民族工业事实上只是"低度工业化"，也不是孙中山先生所主张的"发达国家资本、节制私人资本"的工业化思想，但毕竟已不同于自给自足的小农经济。低度工业化是 20 世纪 30 年代由经济学家方显廷针对中国工业发展现状而提出来的观点，他在《吾人对于工业化应有之认识》一文中，将国家按其工业化程度高低分成"高度工业化国家"和"低度工业化国家"，"低度工业化之国家，其国内经济，农工并重，或仍以农业为主……以农业为主之国家，工业化之程度极浅，其所有之工业，多为制造日用品之轻工业"，同时认为国家工业化是中国整体经济建设的一部分，"故欲使工业发达，必须使农业发达……中国亟应创办者为轻工业而非重工业，为小工业而非大工业，为城市与乡村并重之工业，而非仅偏重于城市之工业"。但事实上，自"九一八"事变后，南京国民政府就成立了国民政府"资源委员会"，其目的是发展国防工业，因此组织人员调查中国各类资源情况，并研究国内外政治经济局势。经过数年努力，该"委员会"于 1936 年 3 月发布了《重工业建设计划》，并于同年 7 月付诸实施。如果顺利完成该计划，那么作为生产资料工业的一些厂矿，比如，中央钢铁厂、茶陵铁矿、中央机器制造厂、湘潭煤矿、四川油矿和云南锡矿等，从优先发展重工业的角度或许可以有效改善不合理的民国时期工业结构，提升工业建设项目质量。假以时日，也可以实现方显廷从"农工并重"而达"高度工业化"的设想。

但历史现实而严酷，即使有晚清声势浩大的洋务运动作为工业化基础，北洋政府和南京国民政府时期的中国也未能发展出像欧美国家那样的资本主义经济体系与规模化的工业生产方式。其原因自然错综复杂，民国时期的学者当时就已从不同角度分析了中国工业化滞后的原因，其分析角度大致有陈铭勋的"制度与不平等条约"、漆树芬的"工业化的国际性及国际分工"、梁漱溟的"文化与思想"、王亚南的"马克思主义方法与世界观"等。综合来看，这些分析视角较为宏观，触及了不合理的社会生产关系与制度，部分内容于今仍然具有借鉴意义。

民国时期在许多企业盛行的家族式管理、行会制和商人雇主制，其实就是上述小农经济思想在工商领域的表现之一，与同时期欧美企业早已实行的工厂制形成了鲜明对比，如孙多鑫、孙多森阜丰面粉厂就是其中典型的"家长制"管理企业。一般来说，多数家庭制企业束缚很多，在类似于"家庭共产"的条件下，第二或第三代人容易泯灭进取精神，而且投资额度和资本构成很低，以1930年为例，华商纱厂投资多在50万元以下，而日商纱厂多为200万元～250万元；每百万人口所拥有的棉织机，中国仅有54架，英国已达到16 746架。生产率也很低下，华商纱厂每架织机年产布匹447.52匹，日商纱厂达到717.34匹。中国之所以"被动现代化"且工业化滞后的深层次原因由此可见一斑。当然，正如民国时期学者所看到的那样，直接原因来自欧美列强入侵、军阀混战、抗日战争和解放战争等一系列战争。典型的例子或许就是"七七事变"后日本侵略军长驱直入，最终导致南京国民政府"资源委员会"的《重工业建设计划》被迫终止。因此，中国的工业化程度在很长一段时间内也只能维持在低水平线上，无法支撑起维系国民日常生活所需的大多数工业化的产品生产。

现实存在的薄弱机器工业生产基础让国民政府有心无力，北洋政府时期的民族工业尚能得到快速发展，南京国民政府时期的民族资本明显处于劣势，虽然"工业化水平在不断提高，但就中国主要商品的自给率、机器工业产值在本国工业总产值中所占比重、机器工业就业人数在本国工业就业人口中所占比重、中国主要工业产品产量与人均拥有量等指标与西方工业化国家比较，可以清楚地看到中国工业化水平很低，远未实现工业化"。二十世纪初期"振兴实业、以工建国"的设想以及二十世纪三四十年代提出的较为系统的工业化方案，其实在很大程度上都是以观念和方案的形式存在，其主要内容虽然发生于当时的经济与生产实际情况，对其中的重要问题也从理论上展开过讨论，但多数观念与方案毕竟缺少落地生根、开花结果的历史机遇。好在这一时期沿海、沿江殖民地、半殖民地城市和地区集中存在许多轻工业产品加工、制造与生产企业，经济发展与西方现代企业生产模式成为中国现代日用产品制造（设计）的重要方式，在消费领域则刺激了产品与商业设计的生长，这就为设计提供了基础性的发展平台，也为我们探讨设计及其历史发展提供了考察的基础。结合民国时期轻工业化的主要特征，笔者拟对工业化日用产品设计的相关问题展开讨论。

先从设计观念上进行探讨。民国时期的凹面椅多以木材制成，与钟熀所采用的胶合板技术一样，都是欧美工业化生产影响下的产物，但凹面椅多了一层人机工程学的设计观念，即椅面与人的臀部弧度相当，人坐在椅子上会觉得更舒适一些，因此椅面上的弧面造型至今仍然广泛存在。这种椅子成为当时家居生活的一部分，还是存在一定规模的消费市场的，而且从制作工艺上看，凹面椅比平板椅更复杂，如果没有市场，家具企业或作坊的设计师和参与制作的工匠大概也不会花心思、花精力来制作这种符合人体结构的家具。很明显，他们这种针对市场需求的务实性设计生产观念，与英国新艺术运动中出现的带有试验性质的家具截然不同，典型的如英国设计师麦金托什式的高背椅，不可否认，这样的审美生产也是社会经济的一部分，从其影响来看，它蕴含着现代设计所需的探索精神。

这样的务实观念也反映在产品设计生产方式中，特别是在"匠"（工匠或技术人员）"艺"（设计师）分工合作上体现得较为明显。这种工场与设计工作坊合作方式之缘由，或许可以借用意大利经济学与设计研究者马可·比迪奥尔和斯蒂法诺·莫切里的观点来阐释。在《设计鲜为人知的一面：匠艺的关联性》一文中，他们认为设计创新根源于匠艺文化，也就是将匠艺视为复杂的生产系统的一部分。工匠和设计师可以是不同的人，也可以是同一个人。总之，在产品设计与生产系统中，"匠"和"艺"是不容分开的整体，设计师着重于新理念的探索，工匠则借由自身掌握的技能与设计师进行合作，即是说，"设计成功的主要原因在于设计师的创造力和工匠专门诀窍的原创性组合，两者的贡献都是自身创造力和知识的体现，尽管它们属于不同的认知领域"。参照产品设计的生产流程，整个过程可以分为创意与执行两个阶段，前一阶段的主角是设计师，后一阶段则是工匠（技术人员）。文章以一位名叫乔凡尼·萨基的工匠的故事为视角，向我们表明了工匠的作用和价值，集中体现在产品成型、材料应用、预测与扩大生产规模、理解消费者行为、追求细节以及产品改进、解决用户个性化要求与扩大生产需要相结合问题、填补最终产品和客户期望之间的缺口等方面，并提供用户定制服务，"这项工作因为称职的工匠与企业的通力合作而有了保障……他们将客户、设计师和经营主管丰富的交互过程中所涌现的创意变成了现实"。

　　上述这篇文章的论述对象是意大利的"匠艺"合作问题，这个问题实际上可作为民国时期家具设计和制作分工合作探讨的理论参照。从当时家具行业的情况看，除了少数比较大的公司有自己的生产工场之外，多数中小型家具店有制作家具的本能愿望，却没有设计制作家具的能力，"那桌子、椅子的形式，无论看几百几千张，总是一个样子"，因而并没有配套的工场，它们要么从专门的家具工场或作坊批量购买家具，要么请人设计好图纸然后加工一些比较低档的家具产品。当然，为长久计，许多家具店都有自己相对固定的工场或作坊，任务多的时候，也会临时雇工进行生产，因此就有了一店多场、一场多店的局面。店有店的市场，场有场的绝活，消费者可以来店选购，也可以看样定制，家具店则根据需要以销定产，有着相对灵活的经营方式。譬如海派家具的代表毛全泰木器股份有限公司拥有自己的油漆和沙发工场，同时又与王森昌、朱森记、董祥泰等20多家作坊有固定的合作，由这些作坊专门为该店生产白坯家具，其产品统一称为"毛全泰货"。武汉的乾泰裕西式木器行也采用合作制，它自己设计家具图样，将图样交给本地专业的家具工场加工成白坯家具，再进行油漆涂饰，最后推向市场出售。其他工业产品，如上海的自行车生产与零部件制造是多家厂商合作的结果：泳昌钢圈厂、隆昌五金钢丝厂、鸿飞车头制造厂、杨永兴坐垫厂以及生产飞轮的裕康五金制造厂、古特钢珠厂以及生产脚蹬和车铃的百龄工厂等。虽然轻工业产品原型多为舶来品，缺少原创性，但务实合作的观念与方式表明了中国工业产品生产所具有的现代属性。

　　如前所述，在产品生产与制造方法上，民国时期的工业产品都带有较为明显的模仿与改良倾向。产品复制与改良是工业化机器生产时代的典型特征，这一时代的日常生活用品，例如，自行车、钢笔、铅笔、缝纫机、钟表等轻工业产品，其实都是复制与改良的结果。产品生产、制作中的复制与改良并非贬义，而是人类造物活动中的一种常态。一方面，造物史本身就是连续或线性的发展历程，即任何人造物绝非凭空产生，而是基于历史积累而不断改进与完善的过程性产物，"机械时代的美学当然并不完全是一种新的创造，将它带入第一机械时代的人们的背上已经背负了两千年的文化"。另一方面，工业时代的技术革新以生产效益最大化和产品质量提升为旨要，从第一次工业革命到第四次工业革命，历史已经多次证明，技术革新带来的标准化与精细化在有效提高生产效率的同时也降低了生产成本；而复制和标准、改良与精细之间存在直接关系。从生产者的角度设想，"如果考虑用螺丝把两个部件固定起来，任何一个设计师都会选用一个标准件螺丝，而不是重新设计一个，因为重新设计的螺丝永远也不会比标准件螺丝便宜"。也就是说，以复制为手段的标准化生产能有效提高生产效率并降低成本。与之相反，并非所有的原创产品都能马上进入批量化的生产阶段，原则上只有那些经过精细打磨和测算的产品才能被送上流水线。综合来看，工业产品设计在生产环节上其实涵盖了复制与改良的成分，其成分多寡表明了工业产品的市场占有与品质优化程度，所谓"赋予了所复制的对象现实的活力"，表达的也正是这层意思。

除工业产品所依赖的技术复制与优化改良外，不容忽视的还有设计材料与制作工序或流程。不同的材料有不同的制作工序，新材料在提升产品功能与价值的同时也有了更广阔的消费市场。《良友》杂志曾刊登过一篇题为《牙刷之制造》的文章，文中附有相关牙刷生产流程的照片。牙刷的材料主要是牛骨，采用的是半手工半机械化的生产工序：定长（截取牛骨中段并使之长短一致）、剖骨（将牛骨剖成骨板）、磨板（将骨板磨成刷柄）、平孔（在刷柄上打孔）、磨头（打磨刷柄头使之成为各种式样）、立孔（在刷柄头开小孔，以做穿暗线之用）、打尾孔（在刷柄尾上打小孔，以做悬挂之用）、开槽（在刷柄背上开槽，以泄积水）、撞光（刷白、漂白后与药料一起放入圆桶内滚撞，使其具有光泽）、剪毛（植毛后将毛剪成各种形状）、消毒（紫外线消毒）。整个工序完成后，再在刷柄上打盖商标印记，即可出厂销售。虽然早在清代道光年间便有扬州杭集人刘万兴使用牛骨作为牙刷手柄，并非新材料，但从文字记录的制作工序来看，牙刷材料的加工与制作工艺已带有现代产品生产的性质，比如为便利消费者使用而开的孔和槽就是人性化设计的体现，撞光、消毒则表明了产品生产的现代属性，给人带来舒适感与安全感。有研究者在考察材料时也表达过类似的看法："在室内设计中，用石头、玻璃、不锈钢等材料会给人一种真实感；使用环保材料有助于减轻我们对环境恶化的负罪感，同时也会让消费者感到贴心"。由此可见，产品材料被当作消费催化剂的前提条件之一是能吻合消费者的心理需求，这大概就是以人为本设计原则的重要节点所在。新材料、新技术的开发与应用进一步推动了现代设计的发展，使人们的日常生活用品更为丰富。

再以热水瓶为例。在民国时期，热水瓶已成日常家用之物，《良友》杂志也刊登过热水瓶的生产流程，其中对瓶胆工艺的介绍较为详尽：首先"用极细之玻璃熔化后，吹沙，由烈火在铁制之模型中完成"；然后"刚制成的瓶胆，须放在窑里，以火烘之，使玻璃热度渐减，经数小时后乃将其取出"；接下来"套胆，是把小瓶胆套于大瓶胆里，然后将瓶胆下端熔化，钳成圆形"；接着"割头，以火烧铁丝，割去瓶胆上多余尖角，且将双层玻璃瓶胆口熔化为一"；开始给瓶胆"上银光，以硝酸银化合成的水，倾注于瓶胆之夹层中，颠倒摇动，再用火烘数分钟，即晶亮成银色，此不但美观，且使热度不易向外导散"；完成后"抽气，以电力抽去瓶胆夹层中之空气，成为真空，然后闭塞下端细管尖形，使与外面空气隔绝，乃得保持热度"；最后"制成的瓶胆，须经试验，是否能保持热度至二十四小时"。经过多道工序，最后成型的热水瓶必须"保持热度至二十四小时"，这是它作为日常生活用品的功能价值规定。我们在第一章中曾探讨过这一问题，产品功能（如保温）确定的情况下，材料可随科学技术的进步而改变。在玻璃、水银等材料出现之前，木质茶壶桶中的棉絮、蒲草、鹅毛和柔软织物等是比较理想的保温材料，中空的陶瓷温盘也是较为常用的保温器物，直到1892年英国物理学家詹姆士·杜瓦爵士发明了带有真空层的现代保温瓶之后，保温用品才日益丰富。

有了上述认识，我们可以认为，民国时期的中国虽然没有欧美国家那么多的现代工业化产品，但我们仍然可以将这一时期以及19世纪下半叶视为中国设计的萌芽时期。其原因可概括为两方面：一方面，欧美国家的许多新式产品能够很快进入中国市场并实现本地化制造，比如，照明灯具、弹簧沙发、自行车、缝纫机以及前文所提到的日用品等；另一方面，在学习西方生产技术和产品设计的基础上，部分工业产品得以进行改良设计。

比较典型的产品是华生牌电风扇。华生牌电风扇的创始人是杨济川等人，这款产品最初以美国通用电气公司的奇异牌电风扇为参考：网罩由 8 根金属条呈螺旋曲线状均匀排列构成，并将 4 片扇叶包围起来，没有摇头装置，底座为圆锥形。之后进行了改良设计：（1）为了解内部构件，杨济川等人将奇异牌电风扇拆解开来，测量其中的零部件，绘制出图纸，为华生牌电风扇的批量生产打下基础；（2）增加机械通风部件，降低电机工作时的温度；（3）增大了扇叶面积，增加了网罩的金属条根数，并开始添加部分直线；（4）使用铝合金和钢板代替铸铁来制作电扇底座和摇头部分，在铜制扇叶表面镀镍，令其更加美观。华生牌电风扇进行的改良设计，其基础是对奇异牌电风扇的全面剖析，在吸取对手产品优点的基础上，从工艺、品质和造型结构上对自己的产品进行全面改造，减少加工量，最终达到与对手产品相媲美甚至超越对手产品的程度。

这些改良设计成果在当时"国货运动"的社会大背景下，很快就赢得了许多消费者的信任。1929 年，首届西湖博览会的工业馆及其展品也恰好说明了中国现代工业设计在萌芽时期与实业经济、市场竞争等的关系，该馆展览说明："宗旨在奖励国货，发展实业，借观摩以定优劣，因批评而生竞争。"由此可见，西湖博览会中工业馆的展品，例如，机械、建材和五金、棉纺、电子、化学、玻璃、日用品等各类产品，都是工业化实践过程中的主要产物，同时也是改良设计的集中展示。

总而言之，从晚清"师夷长技"到南京国民政府推行"国货运动"，现代工业技术同样满足了正在起步阶段的中国工业化发展需求，由此而生的工业设计产品其实是"将工业化的思想及理解投射到设计对象上"的结果。民国时期，中国直接或间接吸收外来技术文明的成果，有意识地创设出符合实际需要的机制、制度和方法，在很大程度上确保更好地谋求民族工业的生存与发展。在这样的意识和工商业环境中，西方现代先进技术和设计或多或少影响着萌芽时期的中国工业化设计。

第四节　现代主义设计的中国印迹

对中国人而言，机器大生产时代的合理化、标准化可能并不算是陌生的概念，特别是在建筑、陶瓷、家具、木制车辆船只、石材构件等领域，中国先哲早已有了清晰的认识。《淮南子·齐俗训》将合理化概括为一个"宜"字，云："铅不可以为刀，铜不可以为弩，铁不可以为舟，木不可以为釜，各用之于其所适，施之于其所宜。"《周礼·考工记·辀人》将标准化凝练为"度"或"理"，曰："辀有三度，轴有三理。国马之辀，深四尺有七寸；田马之辀，深四尺；驽马之辀，深三尺有三寸。轴有三理：一者，以为媺也；二者，以为久也；三者，以为利也。辀前十尺，而策半之。凡任木，任正者，十分其辀之长，以其一为之围；衡任者，五分其长，以其一为之围。小于度，谓之无任。"

也许这样的认识在中国典籍与艺术、造物活动中随处可见，以致有些国外研究者直接将中国人的标准化零件或构件称为"模件"，《万物：中国艺术中的模件化和规模化生产》的作者德国学者雷德侯就是其中的代表。雷德侯在导言中认为"中国人世世代代与无所不在的模件体系相熟悉"，甚至"欧洲人热切地向中国学习并采纳了生产的标准化、分工和工厂式的经营管理"。雷德侯的观点当然有其可取之处，对 18 世纪之前的中国来说，合理化与标准化的造物虽然达不到西方工业革命之后批量化大生产的规模，但至少在造物观念上与 20 世纪现代主义设计的某些主张一样，不是"最大限度地榨取利润"，而是对效率进行系统思考，同时"考虑人对工作、娱乐和休闲的生物需求"。在农业经济和科举制的双重主导下，这样的造物智慧曾被长期蒙蔽而显得无足轻重；第二次鸦片战争以来，受西方工业革命带来的强势科

学技术影响和"坚船利炮"的威逼，虽说薄弱的工业基础和不成熟的现代产业经济
并不足以为当时中国的设计先行者提供成长所需的滋养，然而一旦他们得到西方
现代科学技术与工业设计的启蒙，很快就能"思接千载，视通万里"，将文化血脉
中隐藏的造物智慧激发出来，创作或改良出中西合璧式的现代主义设计作品。这在
20 世纪 20 至 40 年代的建筑、民生日用产品和商业设计等领域都有所体现。

　　笔者曾以庄俊建筑师事务所为例探讨过现代主义建筑设计美学观。1935 年 9 月，
庄俊在《中国建筑》上撰文，系统表达了他对现代主义建筑的推崇，认为"文化愈进，
建筑之需要愈繁，而建筑之艺术，亦自随之而日进，且随时代而变迁……摩登式之
建筑，能普及而又切实用，是今各国大小之建筑，盛行采用之式样也"。摩登即现代，
庄俊从文化进步的角度阐明了建筑风格需要与审美变迁相关联的观点，在他看来，"能
普及而又切实用"是现代建筑设计发展的必然之路，也是现代建筑设计的价值所在。
庄俊的观点出于现实因素的考虑，表明他对时代审美需求的接受与自觉适应。因此，
在上海大都市这一公共领域，庄俊及其事务所扮演了一个"启蒙"的角色，为人们
构筑了一种充满生活气息的现代化都市景观。同年，庄俊建筑师事务所设计的上海
孙克基产妇医院（今长宁区妇幼保健院）竣工，这是一个里程碑式的建筑作品，它
标志着事务所正式迈入现代主义建筑设计的大门。

　　庄俊在这栋医院建筑中切实体现了"能普及而又切实用"的设计观，医院建筑
的外部造型已具备了许多现代主义设计的极简元素；建筑内部的走道隔墙采用空心
砖砌筑，以达到良好的隔音效果；病房的地面则铺设树胶块毡，这就从墙体构造和
材料两方面降低了噪声干扰。如此处理，自然让人联想到"形式追随功能"的口号
式宣言。勒·柯布西耶在《走向新建筑》中直言："现代的建筑关心住宅，为普通而
平常的人关心普通而平常的住宅。它任凭宫殿倒塌。这是时代的一个标志。"现代
主义建筑设计的价值就体现在关心普通而平常的人之中，此时的建筑设计思想开始
与大工业化携手并进，在全球商业化的洗礼中，最终牢固地占据了现代设计的精神
高地。庄俊建筑师事务所设计的孙克基产妇医院以及奚福泉 1934 年主持设计完成的
上海虹桥疗养院，就是现代主义设计在中国落地后产生的一批成果。这批公共建筑

是西方现代主义设计在中国的回响，同时也为"海派建筑"增添了经济、适用、卫生、简洁、不求奢华的清新格调。从社会功能上看，这样的设计观体现出的正是现代主义设计的核心——尽可能为大众生活而设计。

"能普及而又切实用"的朴素设计美学思想还体现在一丝不苟的设计管理中。1935 年 5 月，在庄俊建筑师事务所《南京盐业银行建筑行屋说明书》中有材料分类管理的详细内容，譬如，仅砖就已细分为普通砖（砌墙）、空心砖（屋顶）、白瓷砖（贴墙）、水泥砖（铺地），其中规定：普通砖用于全部内外之大小墙壁。无论青色或红色须火焙坚实，尺寸匀正。凡有松烂或破碎者，概须引出。先将砖样呈建筑师核定后采办。秉承现代建筑设计美学的南京盐业银行也充分证明，在建筑的营造中，能够严谨而经济地将功能、材料、结构和艺术各个要素协调起来，本身就已蕴含着现代主义设计的内在美，也符合现代工业化时代大规模建造实用房屋的需求。显然，这样的设计管理思想与现代建筑设计的项目工程运营息息相关，在进一步的实践过程中，庄俊建筑师事务所逐渐规范了自身的组织管理模式，有效改善了与客户之间的关系。

从今天的立场看，西方现代主义建筑设计是从"实用需求"开始的，实用的价值观本身就是设计的核心所在。然而对中国当时的设计师而言，同样也夹杂着与西方设计类似的艺术与技术、传统与现代、个人与团体的困惑，很容易让人眼花缭乱。事实上，在设计现代化的进程中，诸多观念与表象共处一体，往往混淆了设计的本质，让设计师在一种矛盾的文化心理中，只能以一种民族的审美意识来表达对现代设计的热情。不过，一旦我们将评判的标准转换为"能普及而又切实用"的设计观时，20 世纪中西方文化观念上的对立顷刻烟消云散，也就是说，设计价值观主要体现的是一种为大众服务的实用主义思想。从这个角度来说，在 1942 年黄作燊将包豪斯的现代主义设计观念通过教育的途径正式传入中国之前，以庄俊为代表的设计师就已经在传播现代主义设计的观念了，他们的作品刻画出西方现代设计在 20 世纪上半叶的中国所留下的印迹。也可以说，以孙克基产妇医院的建成为节点，庄俊和与他同时代的其他设计师已为中国开启了现代主义设计的大门。

建筑设计的现代主义观念同样在民生与日用产品设计领域留下类似的印迹。前文提到的华生牌电风扇的设计是参考美国奇异牌电风扇设计的改良产品，而奇异牌电风扇的原型则来自彼得·贝伦斯为德国通用电气公司设计的电风扇，这位现代主义设计的奠基人，有"德国现代设计之父"美誉的设计师采取简洁的造型方式，突出强调了电风扇本身的功能以及由此而生的产品结构。四片船桨形扇叶、框架式扁平防护罩和稳重敦实的黑色圆形底座，让产品富有现代功能主义设计的色彩。华生牌和奇异牌电风扇的防护罩为曲线形，扇叶也改良为略带弧度的造型，让扇叶看起来更具流动感。后期生产的华生牌电风扇继续在整体造型上进行改良，赢得了广阔的市场。

按照今天的标准，华生牌电风扇的设计者杨济川、叶友才和袁宗耀扮演着技师和商人的角色，他们虽然不是严格意义上的现代工业设计师，但在中国工业化进程中，他们的工作贯穿设计、制造、销售以及服务的整个环节。也就是说，他们通过改良设计参与到产品的生产、制造与销售、服务中，让设计观念在产品制作中逐步成型，在某种意义上，其实是弥补了中国早期现代设计与产业经济发展衔接不足的缺陷。因此，在没有经历西方工业革命洗礼和现代主义设计运动的中国，我们没有必要苛求当时的工业产品技师具备独立设计开发产品的意识和能力。他们能够从学习到改良，再到独立设计部分机械工业产品，克服社会工业生产和薄弱经济状况的制约，并形成一股事实上存在的进步力量，实属难得。

图2-6　从左至右分别是华生牌、奇异牌和彼得·贝伦斯设计的电风扇

杨济川等人不是孤例，从中国的机械制造业的发展过程来看，大致经历了从修理、学习到独立设计制造的过程。在1937年前，中国的机械制造业基本上处于学习阶段。1937年后，中国的一些重要制造业开始由学习转入独立设计制造阶段。

相对于大多数薄弱的民族资本，立足在现代机器生产标准化之上的军工转民用资本就显得特别有价值，充足的人力、资金和资源都可以最大限度地保证产品的质量。1928年底，奉天迫击炮厂的李宜春建议工厂转型制造载货汽车，得到张学良的支持，并将汽车命名为民生牌。张学良先后拨款近80万元，作为汽车所需材料的研发费和流水线生产启动资金；由科学技术专业高校毕业生组成的技术团队以美国瑞雪牌载货汽车为参考对象，在反复拆装、分解、复原的过程中逐步完成测绘图纸，获取重要试验技术数据，组装生产整车等工作。在此基础上，技术人员着手研制适合中国实际情况的汽车，拟生产100型、75型两个不同型号的载货汽车，前者的承载能力为3 t左右，适用于路况相对较差的乡村道路，后者的承载能力为2 t左右，适用于城市中相对好一点的路况。经过技术人员的努力，1931年5月31日，中国第一辆自主生产制造的75型6缸水冷载货汽车诞生于沈阳。除少数零部件依照本厂图样委托国外厂家代制外，这辆75型汽车的多数零部件均为自制，而且完全按照中国当时的道路状况量身定做。值得一提的是，在当时国家工业化水平很低的情况下，工厂自主设计的缓冲式后轴和水箱都体现出比较突出的特点：后轴的缓冲装置让车"载重后行驶粗劣之路能力极强，行驶平坦之途速率增大"；水箱被划分为四个部分，即使其中某一部分损坏，汽车仍可正常行驶。

如果说民生牌汽车的制造因"九一八"事变被迫中断而让人感到遗憾，那么在纺织与纹样设计方面的突破多少让人受到鼓舞。无锡丽新布厂的印花工程师冷光等人利用棉织物遇到烧碱会发生碱缩的原理，成功研制出具有独特外观和良好实用性能的"泡泡纱"，为布厂创造了巨额利润。曾留学于日本东京工业大学的莫济之，在绘图、打样设计方面造诣很深，于1929年受蔡声白之聘，到上海美亚织绸厂负责花样设计，积累了丰富的设计经验，后来担任杭州都锦生丝织厂的主设计师，在该厂创造出"经纬起花风景织锦技术"，相继成功开发了"北京北海白塔""西湖风景"

等产品，从而将丝织厂推向鼎盛。在当时的历史条件下，这样的创造证明了中国现代设计具有独立创新的一面。通常来说，一个新产品的设计与生产开始于自主研发，创新难能可贵，但若对已有技术视而不见，从零开始，显然并非明智之举。所以，民生牌载货汽车和部分轻工业产品采用或借鉴西方先进技术进行制造和生产，大大节省了时间和成本，无形中也让中国的产品设计在某种程度上几乎与西方同步。

此外，现代主义设计在民国时期的报纸、期刊、户外等广告设计领域也留下了印迹。工业革命后在西方资本主义国家出现的新式商业中心和新的传播媒介使商业活动和信息传播可以风雨无阻、日夜不息地进行，这与农耕时代的季节性商业活动和传播方式截然不同，商品与消费活动往往超越自然物候和社会阶层而存在。民国时期，因城市人口数量增加以及消费能力增强，在新式公共消费场合中，大众消费者的需求使得民国时期的上海、天津、北京、武汉、广州等城市致力于各类现代化的消费工程建设，如上海南京路上的百货公司、北京国货展览会。这些工商消费品中心构建出一个鼓励消费、实现现代化的市场消费空间，无论是舶来品还是国货，其实都是由新兴科学技术和艺术共同建构出来的现代生活场景，同时也为现代主义设计勾勒出一幅广阔的发展图景。

英国设计史学家乔纳森·M.伍德姆认为欧美国家的生活方式和现代主义设计影响了中国设计师及其作品的呈现。例如，钱君匋的《时代前》杂志封面设计作为现代主义全球影响力的代表而入选伍德姆的著作，证明"西方设计的先锋派距离中国并不一定那么遥远，甚至在机缘巧合下还可能是同步的"。

除钱君匋等专业设计师以外，其他领域的有识之士也意识到了西方现代技术对于区域经济与广告发展的重要意义。1929年4月9日，董律师事务所吴次逊就致函市公用局，建议在上海设立广告亭。广告亭类似于今天的广告灯箱，是电力革命与新材料变革之后城市商业化的产物之一。在玻璃上绘制广告图案，虽然其造价不一定低廉，也不适合批量生产，但广告灯箱是商家追求更高利润的手段之一，也是一种积极的产品销售与传播方式。将其立于街头，容易引起大众的注目，可以创造消费需求和增加上述材料的现代魅力。设计因而成为技术与文化之间的重要桥梁，也因此成为上海等城市迈入现代化行列的标志之一。

　　总而言之，民国时期的中国也是现代主义设计继续发展的试验场。现代主义设计因直接服务于产品功能和市场需求而成为 20 世纪上半叶人们日常生活的一个组成部分，从而彰显出与传统造物完全不同的设计思想与设计风格。可以说，20 世纪中国设计先辈所做的实践与理论探究，与西方现代主义设计先驱们一样，在人们的日常生活、社会工作甚至人文社科等不同领域，都逐渐形成了一种服务于生活的价值观取向。历史告诉我们，以德国工业同盟为先锋的主张标准化生产的现代主义设计，虽然带有割裂传统的意味，但同样也具备为大众生活服务建构新模式的诉求。标准化提高了生产效率并降低了生产成本，从而让更多人享受到新技术带来的好处。这是第二次世界大战以前在设计领域能够体现人文与技术理性发展的重要内涵与成就之一，同时也让自包豪斯以来为大众生活服务的功能主义设计理想在全世界范围内达到了一个前所未有的高度。

第三章 工艺美术旗帜下的工业设计理论探索

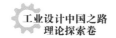

　　1956 年 11 月 1 日，中央工艺美术学院在北京白堆子举行建院典礼，这是中国第一所国家级的工艺美术专业院校。同时成立的还有中央工艺美术科学研究所。学院和研究所均以工艺美术为名，可见这一概念在当时的认同度很高，而且一直沿用到 1998 年。工艺美术这一概念映射出的其实是业界视点与理论分析框架，有其历史合理之处，20 世纪初期就已是一个常用词汇，与今天的设计同义。比如从德、法留学归来的卢章耀"提倡小工艺，而尤趋重于工艺美术"，他所说的工艺美术，当时就已经成为一种学科称谓，涵盖织物意匠、雕刻、金工、家具以及公共建筑物等内容，而且是现代机械化生产和专业分工之后的称谓，已不同于传统工艺品的概念。在我们看来，工艺美术如实反映出的历史现象，也意味着一种取舍的态度，它不可避免地受到设计师与理论研究者的兴趣、价值观及其所处历史语境的影响，因而不可能充分说明设计活动与方法的丰富性与复杂性。正如社会学"包含了从马克思、韦伯，到杜尔凯姆，再到帕森斯的各种视角"一样，设计学的知识同样源于某个特定的视角，由这个视角架构起来的解释体系成为人们理解社会现象、过程与设计之间特定关系的切入点，但同时也存在比较大的局限性。所以当这种局限性演变为一种现实障碍时，就需要人们予以反思并提出相应的解决方案。晚清、民国初期兴起的新学与实学启发了一批具有实践精神和民主思想的商业设计师和工艺美术家，在一定意义上为20 世纪上半叶的中国提供了紧随世界现代设计潮流的方案；1949 年中华人民共和国成立后的工艺美术，在社会主义经济建设的大背景下，又呈现出一种怎样的景象？

第一节　工艺美术力量的延续性

功能化的设计需要借助真情实感来生产作品，在将产品区分出不同的消费群体之前，情感化的构思尤显重要，因为自威廉·莫里斯以来的现代设计是为大众服务的设计，其中的人本思想（涵盖情感、责任等层面的内容）占有重要地位，所以设计师或工匠使用具体的外在符号来证实他们的看法。也就是说，设计中的真情实感有赖于用具体的符号进行系统的表达。由于符号本身可以做到信息层级的有效集合，所以优秀的设计师能够在有限的时间里，通过情感化的设计凝练产品的品质，让大众快速获取和理解他们感兴趣的、觉得有用的信息，美国认知心理学家唐纳德·A. 诺曼在《情感化设计》一书中得出结论：美观的物品更好用——它们的美观引起了积极的情感，使心理加工更具有创造性、更能容忍较小的困难。因此，有效建构产品与服务设计信息层级的途径之一就是采用大众容易理解的功能和喜爱的产品外观、图形图案等符号化的元素，来表达市场对产品功能与形式需求的主次关系。

从工艺产品延续的角度看，中国工艺美术虽然受世界现代工业勃兴和实业救国思想的激励，在 20 世纪上半叶也担当过现代设计的角色，但在整体上越来越倾向于中国传统的手工艺制作，与手工艺实践相伴而行的工艺美术也因此带有许多传统工艺与美学思想认知。按照庞薰琹先生的说法，工艺美术"通过造型、色彩、装饰来表现人民的思想感情。它是一种艺术创作，它像绘画、雕塑一样是造型艺术中间的一部分，也是属于上层建筑的一部分，按其性质来说是属于文化事业的范畴。同时，工艺美术是和人民的物质生活紧紧结合的，它几乎接触到衣、食、住、行的各个方面，它和工艺生产有关系。所以工艺美术既为人民的精神生活服务，同时它又为人民的物质生活服务"。这一认知在实践工作中得到了较为充分的实施。譬如，陈之佛在研究如何借鉴古代工艺美术作品优良品质的问题时曾说："只在装饰模样的历史的知识上着想，还是不足的，应该研究过去的作品中所含的诸原则，人类和图案的关系，一种图案与当时人民的生活和理想，究竟在怎样条件下才产生的，关于这等的研究，是最切要，而且也是最有益的，就是研究装饰的外貌。"上述两段引文的相同之处在于强调工艺美术与时代精神和生活相结合的基本准则；不同之处在于，1949年后的工艺美术被拔高到上层建筑层面，即依托一定的经济基础和生产设备（生产力），逐步与社会意识形态、生产关系相适应，这是以往工艺行业未曾经历过的规模化生产时代。

庞薰琹先生的认知自然有其历史语境。1957年7月，朱德副主席出席全国工艺美术艺人代表会议，并代表党中央、国务院做了题为"发展手工业生产，满足人民需要"的讲话，为当时提倡"继承和发扬工艺美术优秀传统"奠定了认识基础。同年，全国工艺美术艺人代表会议提出"保护、发展、提高"的发展方针。在这一背景下，中国的工艺美术发展从此被引入合作制、机械化或半机械化的生产体系中。脱离了小规模的传统生产方式的工艺美术行业，在经济、设备、市场以及合作方式等方面都得到了前所未有的提升与扩张。当时整个工艺美术行业被纳入国民生产计划之中，由国家统一制订生产计划并指导生产和销售，国家统一供给产品生产所需的原材料，这样的情形在国家轻、重工业企业生产与制造中都得到不同程度的体现。在机械化、半机械化生产上，除了一些必须保留的独特工艺或关键工序需要采用传统生产和制作方式外，工艺美术行业通过国家提供的各种渠道与机会进行了相应的技术革新，引入生产流程的先进机器既提高了功效，减轻了工人的劳动强度，又在产品销售上得到了国家的统筹安排，由外贸部门将生产出来的优质工艺美术品销往国外。这是当时国家外汇来源的重要渠道之一。从好的方面看，工艺美术行业合作化生产与国家统筹包干的方式，让许多优秀的工匠免除了生产之外的干扰，得以集中精力进行创作。

以特种工艺而驰名中外的燕京八绝之一景泰蓝，就是1949年后创造大量外汇的有代表性的优质工艺美术品。景泰蓝以金、银、铜及多种天然矿物质为原材料,集绘画、镶嵌、雕刻、玻璃熔炼、冶金等工艺流程为一体,精美华丽而又古朴典雅。当时的主要生产基地是北京市珐琅厂,1959 年该厂拥有近千名生产工人,分布在錾胎、掐丝、刷活、点蓝、烧活、磨活、镀金、研料等不同车间。为了简化工作内容,提高生产效率并节约成本,该厂曾在清华大学建筑系梁思成、林徽因等人的帮助下改良过景泰蓝的图案,他们以工人熟练而精良的技术以及新材料为基础,组织新花样图案,设计新形体,从而产生更丰富更完美的表现效果。

可利用机器完成的部分工艺流程,如錾胎、磨活、镀金、研料等,使景泰蓝的制作步入半机械化工厂生产序列之中。从手工艺产品过渡到工业或半工业产品,在出口创外汇之外,景泰蓝的审美需求更偏向于社会化,其功能也因此需要多样化。而功能与造型通常互为表里,当功能确定后,造型或形体的审美趣味就成为首要的考虑因素。正如清华大学营建系在《景泰蓝新图样设计工作一年总结》中所言,"一件好作品,除了花纹好看以外,还要形体美,颜色衬托得当。创作中往往将形体放在第一位,要求一件器物一眼望去就产生单纯的、完整的、明朗的效果。造型又是决定功能的,所以在创作中以形体为第一位的、首要的决定性因素加以考虑"。显而易见,景泰蓝工艺与生产方式的革新包含经济与审美的成分。一方面,利润来自景泰蓝的生产与销售,在某种程度上也来自成本的控制,在不降低景泰蓝产品品质的前提下,尽量采用成本相对较低的原材料,如用玻璃代替银粉,简洁的新花样图案和造型设计也降低了生产成本。另一方面,景泰蓝的工业审美不是简单为经济服务,而是对国外消费者和国内大众渴望美好生活的表达,即前文提到的"积极的情感"。这一点也有相应的历史依据:从农业、手工业和资本主义工商业改造完成开始,以重、轻工业生产为背景,以振兴国家工业经济、扩大工业生产规模和满足物质文化生活需要为契机,中国工艺美术的高等教育轮廓已日渐明朗,中央工艺美术学院的组建或许是很好的例证。

美国社会哲学家刘易斯·芒福德曾以优美的语言描写过机器及其生产在生活领域存在的价值,他认为机器的"精雕细刻是技术发展的重要元素:优材、利器再加上形态完美"，在机器参与的（半）机械化生产过程中，"虽然使手工工艺暂时受到了损害"，"由于注意力集中于机械化的生产手段，感官的反应和深思的回答被排除在歌谣和幻想之外，但感官和深思仍在生活中保住了一定的位置：它们随着机器艺术的发展而重整旗鼓"。机器让产品形态更加工整、饱满而且优美，景泰蓝、瓷器如此，二十世纪五六十年代生产的日用品，如搪瓷的面盆、水杯、热水壶等也是如此。再加上装饰在这些器物之上的图案都是花好月圆、花开富贵、三潭印月等富有民间生活气息的题材，因而受到大众的欢迎。"农民到城里买东西，他们爱好红红绿绿等喜气洋洋的颜色，爱好象征美好生活的图案，是因为他们渴望着美好生活。同时工业出品与农村手工艺出品相比也有它们品质上的优点，如结实方便等。"这样的描述让我们联想到威廉·莫里斯时代的工艺美术作品，这些日用品之上的装饰图案喜气洋洋，象征着美好生活，而且同莫里斯的作品一样也是经过缜密设计的、充满情调的作品。

工艺美术的工业化趋势日渐明显。在欧美国家进入资本主义时期之后，机器生产与新材料的使用让原本脱胎于手工艺（民间艺术）的工艺美术品逐渐商品化。工

图 3-1 左为二十世纪五六十年代的搪瓷面盆，右为 19 世纪 70 至 90 年代的莫里斯可调椅

业化背景下的工艺美术涵盖的范畴扩大，作品成为产品，"几乎都商品化了，从表面上来看生产扩大了，服务对象好像也随着扩大了，实际上扩大生产的目的只是为追求利润而已"；同样，第二次世界大战后的社会主义国家也重视工艺美术，把它视为文化事业中很重要的一个部分，一方面是将优质的工艺美术品销往其他社会主义国家，以便换取外汇；另一方面是让工艺美术"能真正地为全民服务，美化人民生活，提高人民审美能力；同时对人民进行教育，使人民更热爱祖国、热爱劳动"。机械化或半机械化生产扩大了服务的对象，工艺美术日益扩大到日用工业产品领域，部分手工艺逐渐被机器生产取代而发展成为轻工业生产的一部分，工艺美术也被部分地转换为工业美术。比如上文提到的日用产品以及 20 世纪 50 至 70 年代中国老百姓眼里的三大件（自行车、手表、收音机）就是如此，这些轻工业产品因此成为工业美术的重要表现载体，而装饰在这些产品之上的图案构成了工业美术从业人员的主要工作内容。上海老一辈工业设计师吴祖慈先生曾向我们展示过一辆仍在使用的凤凰牌女式自行车，车身上的图案正是他设计的作品，岁月荏苒，机器喷印的图案却不减当年风采，让整车在多年后依旧显得别具一格。

至于工艺美术服务、美化、教育等功能，当时的学界已达成统一认识。1961 年，《美术》杂志刊登了同年 8 月 25 日"要深入研究工艺美术的特性"主题座谈会的摘要，陈之佛、张仃、雷圭元、沈福文、邓白、吴劳、龙宗鑫、罗卡子、和兰石、顾方松、王家树、李绵璐等人分别表达了自己对工艺美术的原则、题材、形式（图案）、色彩、材料、功能、服务、仿制、审美等问题的看法。归纳起来，这些问题都是对工艺美术本质与功能的描述，按照今天的标准，这些描述在很大程度上显然也属于设计的范畴。首先是原则问题。陈之佛认为，虽然大家都知道"适用、经济、美观"的原则，但对这一原则的本质却"没有进一步研究"；雷圭元认为该原则"正是针对工艺美术的固有规律提的，和对绘画的提法不同"，适合与否才是该原则的真理所在。雷圭元从教学的角度进一步阐述了对该原则或规律进行把握的方法，主张采用"平面结构和夸张的表现"来增强学生的图案（设计）意识，也就是他所说的"图案的头脑"。

平面结构也就是后来设计学界广为人知的平面构成，其源头在德国包豪斯设计学院开设的基础课程，这种构成训练培养的正是现代主义设计所需的设计意识。我们从这一阶段工艺美术的发展中，既可以看到由传统积淀下来的重要元素，如适用、题材、色彩等，也可以看到未来中国现代设计发展的胚胎，如经济、功能、服务、构成等内容。从工艺美术思维到现代设计观念，这样的变化与延续显然是所处社会经济环境即国家工业经济发展的映射。例如，以 1965 年为界，传统加工业所占的比重大幅度下降（由 1952 年的 51.6% 下降为 1965 年的 28.4%）；机械工业所占的比重快速上升（由 1952 年的 11.4% 上升为 1965 年的 22.3%）；劳动对象工业的比重前期虽有小幅度上升，但总体却是逐年下降（由 1952 年的 18.3% 上升为 1965 年的 22.2%）。机械工业比重开始超过劳动对象工业。1965 年后，传统加工业和机械工业的比重交替领先，但机械工业占据主导地位。

我们在第一章曾专门讨论过设计学中的这一基础性问题，这里再结合陈之佛等人的观点略做补充。在某种意义上，功能即实用，工艺美术显然也有实用的要求。虽然部分工艺品受传统宫廷艺术的影响而走向一条工艺烦琐的狭窄之路，但在实际需求面前，1949 年后的大多数工艺品还是被导向实用和美观的路子上来。邓白建议"根据用途、材料的特性、使用对象，以及销售地区的喜爱和习惯来分析研究"工艺品的色彩好坏，在他看来，用途（功能）、材料、消费者和色彩（形式）之间是统一的，色彩或形式过于烦琐，反倒失去了应有的艺术效果；和兰石认为中央工艺美术学院举办的作品展览会不叫工艺美术展览会而叫实用美术展览会是有意义的；如前所述，雷圭元认为实用美术的固有规律就是"适用、经济、美观"，适用或实用在前，美观或形式在后。这样的逻辑之于实用美术而言，必须有个前提条件。诚如沈福文所说："工艺美术工作者要进一步去了解生产过程"，才能解决图案设计转化为实物过程中出现的一些问题，也就是要求"设计与生产两方面取得密切的配合"之后，"问题就会更好地解决"。简言之，达成实用美术之"实用"的前提是"熟悉生产制作的条件"，这句话是程尚仁说的，原话是："降低工艺美术品设计的成本，设计师应该熟悉生产制作的条件。"实用是产品功能或用途的直接体现，大多数装饰烦琐的产品不以实用为目标，因此也不会将生产和制作成本摆在优先考虑的位置上。

如果进一步将中央工艺美术学院举办的实用美术展览会与国家主办的全国工艺美术展览会进行比较，我们就会发现，参加 1961 年座谈会的人发表的观点与全国工艺美术展览会旨在"更好地发扬和恢复某些工艺美术的优良传统"的说法存在较为明显的差异，前者倾向于"向前看"，更注重实用；后者倾向于"向后看"，更看重传统。或者可以说，工艺美术依然遵循手工艺传统和艺术创作的思路，而实用美术包含实用与美，与现代功能主义设计解决实际问题的理念相去不远，甚至还表现出较为鲜明的进取性和宣扬民主、平等的思想。这一时期的实用美术家正"努力在一个更高的阶梯上"，把自己理解的工艺美术通过真实——实用与美的形式——再现出来。正如吴劳先生总结的那样，"必须从人的生活实际需要出发"，工艺美术或实用美术（设计）才会产生。

人的实际需要自然也包含着对工艺产品的需求，这就涉及最后要谈的审美问题。座谈会上诸位先生讨论的美、题材与色彩等话题就是这一问题。吴劳认为"适用也就包含着美，这种美与实际使用是一致的"，从表面上看，这种美是艺术的美，与产品造型及其装饰风格等因素有关，当然也有技术的成分。文化人类学家弗朗兹·博厄斯说："在人们精通了某种制造技术以后，自然产生了对某种形式的追求，这就是艺术的基础。"然而从深层次上讲，这种美还是功能美与艺术经验的集合。美不能脱离艺术的表现形式，不能脱离具体的功能，亦不能脱离人的经验。在美与功能方面，陈之佛表达了对玻璃杯上涂满大红大绿花纹的不满，罗卡子反对将中国画做成玉雕挂屏，沈福文不赞成将中国画印在白毛巾上，也不建议将台灯做成挂满银针（松针）的松树，等等。器物的功能只有适合人的需求，其中的美才可能历久弥新。杭间教授曾说："一件绵延发展了几千年的物品，透过思想的、经济的、民俗和民族的因素，必然有它存在的理由，这个理由的基础就是功能，以及它所体现出来的魅力。"可见，功能是器物美或魅力的基础，换句话说，功能之美是历史、思想、经济、民俗与民族的综合产物，而这些内容同时也构成了人的造物经验。这一点在美国实用主义哲学家约翰·杜威那里被表述为：思想、智慧和科学指导下的实用艺术，其实"是一件自然的事情"，因为它们将支离破碎的、偶然的、新奇的、特殊的"自然"，按照人们可以"直接占有和享受的意义"进行联合，从而形成和谐的"有意识的经验"，这种经验"具有工具性"，因而对艺术而言，显得"尤为真实"。本质上，杜威的"艺术经验"论带有人类经验被延续、被综合后的实用性质，从实用美术的角度看，吴劳的观点与之吻合。简言之，适用与功能之美的基础是人的"艺术经验"。

不过，特殊年代的"艺术经验"必然有其特殊性。与艺术本身不同的是，艺术观念有其时代性，是一定社会关系基础的映射，因为"观念、范畴也同它们所表现的关系一样，不是永恒的。它们是历史的暂时的产物"，延续到社会主义经济建设与意识形态领域之后，工艺美术依旧保持着实用与功能上的诉求。因此在很大程度上，工艺美术取代了处在同样社会历史环境中的工业设计，承担起行业复兴的重任，但由时代造就的特殊性却使它不能承担工业设计的重担。如此就产生了意识形态力量驱动下中国现代工业化设计领域的新变化。

第二节　意识形态与设计现代化

哲学认识论范畴的意识形态最初是法国启蒙哲学家德斯蒂·德·特拉西于 1796 年用来描述一门新的观念科学而使用的词。自然科学此时被视为一种卓越的观念学，认为观念和感知系统的产生、结合与结果都与自然科学分析相关，社会科学应该在方法上与之保持一致。在知识源流上，观念学是可列入第一科学的思想体系，因为一切自然与社会科学知识都是观念的集合。但是，意识形态产生在与工业革命相伴随的社会、政治和思想大变革的时代，明显是"一个日益多元化的社会的产物，与服务于局部利益的竞争性群体相联系"，而且采用自然科学的、客观的方法并不能对社会进行自然而有效的调节，更不能解决大变革时代所面临的各种复杂的社会问题，因此意识形态最后演变成一个与现代社会群体利益相联系的概念。

当意识形态的含义、方法、范畴以及与社会的关联方式发生更迭、更新之后，这个词汇不再与主张启蒙运动的实证精神直接关联，转而指向抽象的观念本身，甚至被消极地描述成"模糊不清的形而上学"，并"摇摆于肯定的和否定的含义之间"。不过，卡尔·马克思将当时主流的社会思潮融会贯通，较早地将意识形态引入历史唯物主义领域，让这个概念从此获得了与以往不同的地位，成为现实政治、哲学与经济学的一种批判手段，一种被重新建构的社会群体或社会团体的整体世界观或指导思想。比如在《德意志意识形态》（1845—1846）中，马克思就提出"只有在现实的世界中并使用现实的手段才能实现真正的解放"的观点，这是马克思主义理论体系中的核心主题之一，它表明了意识形态指导下实践方式及其体系的重要性。需要特别强调的是，这一观点对马克思主义指导下的社会与政治革命曾起到过具体而实际的指导作用，它同样也曾影响过莫里斯、阿什比、格罗皮乌斯等一批现代主义设计的先驱者。威廉·莫里斯引领并提倡手工艺运动，用这种现实的手段将手工艺的审美因素引入整个设计过程之中，以作为建构相应的资本主义批判理论所需的重要手段，在此基础上实现社会革命的理想。

由此可见，发展初期的西方现代主义设计实践及其理论其实已经与马克思主义影响下的社会主义的意识形态相伴而行。然而，意识形态这一偏精神性的概念毕竟诞生于现代工业化时代，对所有生活于其中的设计师和工业技术人员来说，如果将设计真正理解成一种普适性的"为大众服务"，那么意识形态就可以参与到产品价值的生产过程中，在重述与重构中成为设计价值的来源之一。在这层意义上，意识形态一方面代表着顶层设计——国家意志或国家发展战略，另一方面则表现为一种与新技术相匹配的行动方式，它使设计与社会发展的进程相联系，并回流到日常生活之中，使之成为与精神文化相对应的物质实体。北京天安门广场上的人民英雄纪念碑是这样产生的物质实体，上海江南造船厂建成的万吨水压机、长春第一汽车制造厂生产的解放牌 CA10 型载重汽车和红旗牌 CA72 型高级轿车，同样也是如此产生的物质实体。很明显，将意识形态作为行动方式来指导现代产品设计与生产，至少在二十世纪五六十年代的中国，就已经成为无可争议的现实，这与莫里斯时代的设计发展状况或多或少有某种相似之处，即强调为大众服务的民主思想虽然有某些不尽如人意的地方，但它却成为设计师的行动纲领，并成为现代主义设计最重要的特征之一。

在顶层设计即国家发展战略方面，在我国"一五"计划期间实施的"156项工程"奠定了中国现代化工业的基础。以"156项工程"为开端，苏联的工业产品开始在中国出现，这其实是国际现代主义间接影响中国工业设计的产物。苏联学习并延续的国际现代主义设计风格，在技术转让的过程中，连同实用与功能的设计理念一起输入到中国。比较典型的案例是以苏联乌拉尔M72型摩托车为技术基础的长江750M1型边三轮军用摩托车。

1957年2月11日，当时的第二机械工业部四局在北京召开首次民用产品协作专业委员会，给南昌飞机制造公司分配了试制乌拉尔M72型摩托车的生产任务。M72型摩托车是苏联在当时生产的双缸、四冲程、16.2 kW边三轮军用摩托车。该型号摩托车的发动机最初由德国宝马公司于1937—1942年生产，由于发动机的两个气缸水平对称布置，平衡性较好，经苏联工程设计师改进后，重心降低，坚固耐用且便于维修，更适合于越野和军事行动。经过连续几个月的攻坚战，南昌飞机制造公司于1957年底召开摩托车试制成功大会，标志着中国摩托车工业的开端。次年该车被命名为长江牌摩托车，即长江750M1型摩托车。从整个过程来看，长江750M1型摩托车参考乌拉尔M72型摩托车的设计，性能良好，因此大多数出厂摩托车被装备在军队中，

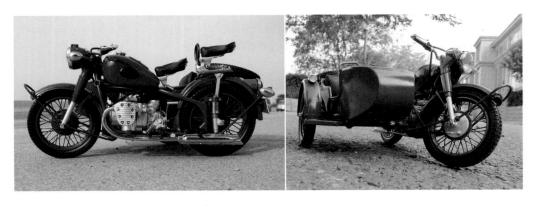

图3-2　长江750M1型边三轮军用摩托车

提升了中国军队的现代化与机械化水平。

如前所述，意识形态还表现为与新技术相匹配的行动方式。据统计，1957 年中国已从苏联得到了 3 646 种技术资料，包括各种工厂设计图纸、产品设计图纸、工艺设计说明等；在 10 年多的时间里，苏联送给中国 24 000 套科技资料，其中有 1 400 个大型企业的设计图。这些技术资料对提高中国工业技术水平和新产品开发、经济生产有着重大意义，其内容大致可分为四类：（1）设计资料，如建设煤矿、选矿厂、电站、机车制造厂、车辆制造厂、石油厂及建筑方面的资料。其中特别有价值的是煤电、有色金属、工业与民用建筑的成套设计资料。它们不仅可以解决当时设计上的问题，而且还为中方以后的设计工作提供了依据，对培养独立设计能力有重要作用。（2）各种机械制造图纸和工艺资料，为中方试制各种新产品提供了有利条件。（3）油漆、颜料、瓷漆和其他各种产品的工艺资料。（4）各种内部的技术文献、教学计划、教学大纲、技术标准。这些转移而来的技术的产出成果大到矿产、机车，小到油漆、颜料等日常工业与生活用品，满足了国家经济建设和人们的生活需求。而且，由于采用了与苏联相同的技术标准和生产规格，再加上对现代工业产品的结构和产业结构在进行规划、设计过程中有着许多共同的理解，因此当时中国和苏联的工业设计师在生产与制造流程上的行动方式趋于统一，有效保障了项目设计与生产的实施。重要的是，由此还形成了比较统一的产品设计风格。

正因为以经济和政治化的意识形态为标准，且设计服务的对象是人民大众，所以产品设计的主导思想就倾向于实用和耐用。例如，苏联家电制造企业生产的电冰箱，其内壁由薄钢板制成，外层则涂有硅酸盐搪瓷，这使电冰箱具备了耐用、分量足且卫生的特点，搪瓷表面容易清洗，并且不散发异味。上海自行车厂生产的永久51 型载重自行车被誉为"不吃草的小毛驴"，原因就在于：（1）车把宽，骑行稳定；（2）车架长，便于前上下车；（3）车圈和轮胎宽，且轮胎胶量足，最大载重量可达 170 kg；（4）前叉装有保险叉，后托架为铁板或铁条，后轮为铁板（条）双撑，安全系数高，便于装卸货物。本质上，实用与耐用的产品设计的共同基础是现代工业生产，以功能主义为宗旨，这与 20 世纪 50 至 70 年代强调"图案"的工艺美术并不相同。通常来说，实用、好用是设计必需的基础，而以此为基础的功能主义设计又与社会经济息息相关，经济越发达，设计越成熟、越实用，其现代化的程度也随之更广、更深。但特殊时期也会出现特殊的例子。譬如苏联在冷战时期研制的米格-25战斗机基本上没有采用当时西方先进的设计材料与技术，米高扬设计局充分发挥简单、实用的原则，在有限的条件下将不可能变成现实。

此时的部分美术设计师从产品的形象而非功能的角度来理解设计的意义，他们常以艺术家的身份参与设计；另外一部分设计师与此相反，他们对工业化的产品造型和用途更感兴趣，代表着当时新的设计方向，并为此创造了一个新概念：工业美术设计。正如《装饰》杂志编辑在1980年复刊号中所说："工业美术并不是一门新的艺术学科，可并没有引起更多的关注。随着现代化建设，它对于发展今天的工艺美术事业有着重要的现实意义。"工业美术之所以不是新的艺术学科，是因为从"156项工程"开始，一批有着机械设计或工业设计背景的技术人员以及受到西方现代主义设计影响的美术设计师，就已经在学习和模仿中积极探索了"改良设计"，其产品自然也处于现代工业设计体系之中。这是我们在下一节需要思考的问题。

第三节　从组装到自主改良设计

除少数重工业设计领域之外，大多数的日用产品一般采用组装式生产。不过，有些生产单位在机器设备陈旧甚至缺少金属加工设备的情况下，依靠设计或技术人员的聪明才智，也能在产品功能、造型上取得一些改良性的设计成果。如南京无线电厂的工人周阿庆在技术员的协助下，将一台几乎报废的压铸机改装成能够压铸铝合金的设备，使铝合金零件加工简化成两道工序。从工作效率上看，采用改造过的压铸机进行铝合金零件加工，全厂全年可节约工时15万个以上。当然，从工业设计的角度看，前文曾提到的华生牌电风扇以及国产轿车等都是比较典型的改良设计的案例。在论及这些案例之前，我们先来回顾一下有关组装式的产品讨论。

现代产品成型一般包括零部件机械加工和组装两大主要作业环节。其中组装工艺在产品设计与制造的全部工作量和费用中占有相当大的比重，而且也是有效提升生产效率的重要环节。显然，组装的意义在于整机成型，可以是将零部件按照设计图纸组合在一起，从而制造出一件完整的产品，也可以是功能不同的产品按照需求进行组合，最终形成一件具有复合功能的产品。曾任南京无线电厂设计师的哈崇南设计的熊猫牌 1501 型落地式组合收音、放音机就是带有复合功能的组装式产品，颇具代表性，同时也表现出明显的与时代审美相吻合的风格与特征。

根据设计师哈崇南回忆，当时设计碰到的困惑首先是如何将不同系统的终端产品组合成为一件新产品，使其能够实现技术目标；其次是设计如何找到一种表现其特征的形态"语言"，特别是表现产品的高档感。在整体设计方面，设计师采用"隐藏"设计，其"外壳"像一件高档的家具，其目的是与当时室内以红木、柚木为代表的高档家具及室内设计风格相一致。将放音、收音、功放、扬声等系统全部收入其中，当要使用某一个功能时，可以打开相对应区域的"窗口"。对于经常使用的收音功能的"窗口"，设计师设计了一个折叠式移动"窗口"。它处于整个产品上端，用设计师的话来说这是产品的视觉中心，因此这样的设计是十分贴切的。哈崇南将

图 3-3　熊猫牌 1501 型落地式组合收音、放音机

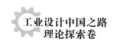

磁带播放部位设计在整个产品的顶部左上侧，因此在水平面设计了一块向上的翻板。唱机被完整收入抽屉中，可以方便地将唱片水平放入其中使用。产品底部设计的"立脚"既可满足消除扬声器引起的地面震动的需要，也是当时高档家具的流行风格。

该产品主要应用于人民大会堂等国家公共活动场所，也作为国礼赠送给外国元首。由此可见，这不是批量生产的产品，而是高端定制的产品，其制造过程大量依靠手工制作，倾注了制作者常年积累的工艺灵性，在设计师的统筹、平衡、激发下得到了充分的发挥。这一产品的设计不仅在南京无线电厂设计历史上是浓墨重彩的一笔，在中国设计史上也是一件非常重要的事件。中国工业设计协会原秘书长叶振华评价，正是这种设计经验的积累，使得无线电收音机产品行业首先确立了"电路设计、材料设计、造型设计"分工合作模式。20世纪70年代末，哈崇南等长期从事无线电收音机造型设计的专业人员倡议成立全国性的工业美术协会，以促进中国设计事业的发育与发展。这个倡议受到国家领导人的高度重视，最终得以实施。中国工业美术协会是中国工业设计协会的前身，为后者在中国工业设计领域展开一系列的推进工作奠定了坚实的基础。

上述两段文字涉及与产品组装相关的四个比较重要的问题。首先是如何组装或组合成新产品的问题。在产品目标确定的前提下，无论是手工作业还是机械作业，组装技术和工艺都是需要重点关注的内容。但从20世纪中叶中国工业发展的实际情况看，由于轻工业技术的机械化和自动化均处于起步阶段，再加上国家"一五"期间面临工业原料不足、工业产品品种不足和管理水平低等诸多困难，手工和半机械化只能提供有限的产品生产能力，所以如何组装其实还存在着如何保证产品生产标准与质量以及如何保证组装技术和工艺等一系列问题。

其次是如何表现产品的形态，也就是外观造型问题。严格来说，按照现代工业生产标准生产的产品可以做到同一形制，设计师和工程师联合绘制的设计图纸亦能保证按统一标准进行规模化生产，每一件产品都是第一件产品的复制品。但标准之外总有例外，即使是生产同一种产品，不同的需求也决定了应该生产出不同外观造型、色彩和质感的产品，以满足多样化的需求。正如哈崇南所说："现代工业产品虽然以功用目的为主导，但功用并不是它的全部意义。形体还应当超越物质功用范围而获得更丰富的表现。一种功用目的，并不只容许一种形体样式，而是可能有多种样式。这样的可能性，来自设计者的情感意志或使用者的特定要求，这就是形体塑造的任意性。"以功能为基础的多样的产品形态丰富了社会的消费空间，但需要注意的是，任意之于工业产品设计而言，其实仍然有着功能上的制约，也就是任意是在一定限度和范畴内的任意，从功能上看也是如此，因为"把功用的必然要求体现为物质的形体特征，这是必然形体的基本含义"，所以外观造型也有着多重意味。

再次是产品设计中的手工制作问题。大众消费产品不存在个性化的需求问题，然而从情感和特定需求出发，设计师需要统筹协调好工艺制作流程，特别是手工制作时的组装质量。产品的零部件，如电子产品内部电子元件的组装以及复合产品的组装，都存在统一协调组装的要求，并不能自由、任意地组装成产品。从发展趋势来看，组装工艺环节力求机械化和自动化，以此来提高产品的工艺性并减少手工作业的劳动量。但无论手工还是机械化，都需要以人为标准，尽可能地适应人机工程原理，让产品适应不同需求和不同环境，真正做到有利、有用、有益。而这正是现代工业产品设计的目的。

最后是分工合作问题。众所周知，许多工业化的产品在设计与生产过程中，任何人或生产单位都无法凭借一己之力完成所有工作，因为从产品设计之初到组装完成，再加上工序所需的调研、统筹、测算、实验、评估等，都需要多人、多单位分工合作，才能按照既定目标生产出合格产品。更重要的是，"生产劳动的分工使它们各自的产品互相变为商品，互相成为等价物，使它们互相成为市场"。这样一来，组装环节中的标准在市场成本（等价物）的作用下得到统一，避免了资源的浪费。因此，就组装式产品设计来说，叶振华提出的"电路设计、材料设计、造型设计"不应该仅仅指向电器产品，还应该成为工业产品设计中目标明确的分工模式。也就是说，在产品设计与生产环节中，技术人员、材料工程师和外观设计师需要通力配合，形成工序互补，以更好地生产出优质的工业产品。

再来看改良式产品设计。需要首先说明的是，并没有严格区别开来的组装式产品设计和改良式产品设计，作为概念指称和主要环节，组装与改良在中国现代工业产品设计历史序列中相伴而行，组装的过程中可能有改良，而改良后的最后工序依然是组装。华生牌电风扇是一件较为典型的改良设计案例。20 世纪 70 年代，以吴祖慈为首的设计师对华生牌电风扇进行了改良设计。国产台式电风扇开始跟随国际流线型的设计思潮，并重视消费者的审美立体化需求趋势，因此致力于改变传统电风扇的扁平化造型，而采用更为立体、饱满且圆润的造型设计。

经过改良设计后的华生牌电风扇，最大的变化是底座采用平直的四方造型而非以前的圆锥造型，再加上四个琴键式的宽大按钮，增强了产品的现代感；电风扇网罩轮廓线条饱满，立体感十足，放射状的弧形线条疏密有致地前后环绕扇叶，在从不同视觉角度为消费者带来更好体验的同时，也起到了安全防护的作用。三片宽大的扇叶既与饱满的网罩协调一致，又与纤细的网罩线条形成视觉上的对比。以蓝绿色为主色调的电风扇整体上给人带来清爽的感受。控制面板上的电镀金色、银色和图案设计又给这款产品带来较强的时代特征。吴祖慈在华生牌电风扇上进行的改良设计成为国产家用电器设计史上的一件精品，其成功一方面得益于当时已有的产品生产与制造技术，另一方面也得益于设计师在设计观念上对产品造型、材质、色彩、肌理等内容的整体把握。老一代的产品因此再次焕发出新的市场生命力。

十多年后，吴祖慈在《谈设计的外观质量》一文中将产品的外观质量和材质、色彩、装饰等因素有机结合起来。他认为设计人员需要和科技人员合作，从加工技术和设计两方面改进产品偏色、错色问题以及装饰风格问题；同时主张：（1）提高产品模具质量，探索制造模具的新材料，缩短制模周期；（2）设计师与工程师合作开发并应用新材料；（3）通过专业组织重点突破材料的表面处理技术；（4）必须制定相应的产品检测制度。这样的整体认知已超越了改良设计的观念而直达现代设计的核心要旨，进言之，吴祖慈的设计观已经表现出后现代主义设计所说的复杂性和矛盾性。相较于平面设计作品对点、线、面等视觉要素的布局，现代工业产品的设计体现出的复杂性和矛盾性是显而易见的，它需要像建筑设计作品一样，"在工程、结构、机械设备以及外观表达上要求呈现出多姿多彩的态势"，也需要跳出产品设计本身

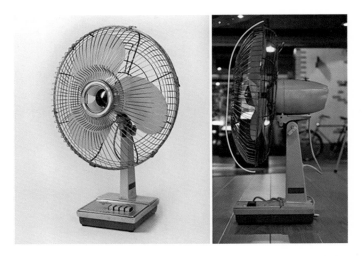

图 3-4　华生牌 JA50 型台式电风扇，侧面图上绘有网罩造型示意曲线

划定的圈子，从需求、生产、市场以及时代背景等多重角度仔细思考设计思路并最终完成产品设计，并考虑与政策或制度相抵牾的因素。结合吴祖慈的改良设计及观念，或可认为，中国化的后现代主义设计思想是对现代主义设计观的改良。我们可能需要从以下两个方面加以理解。

其一，后现代主义设计的复杂性观念通常是对现代技术、知识和精细化社会的回应。相较于粗放型社会，精细化社会的产品设计标准相对比较高，而且还承担着相应的社会责任；技术加工的科技含量、资源利用率以及开发程度都比较高；分配原则讲究效率优先，权责分明，服务的组织化程度比较高，同时注重人文关怀；设计师的职业认知意识强，时间效能比较高。虽然二十世纪六七十年代的改良设计与中国当时粗放型社会的经济生产、文化观念、社会服务以及个人行动大致上是相对应的，但吴祖慈等少数前卫设计师认为，改良设计的表征从图案装饰转向产品功能、结构、技术等综合规划，并且不能再用图案这一概念解释设计。这一点被 1979 年后中国市场经济的发展成就所证实，在从工业美术过渡到工业设计的过程中，设计的多元文化和价值观随之逐渐形成。正是在改革开放的社会基础上，才产生了日趋复杂的中国化的后现代主义设计。

一般来说，改良设计属于特定时期的历史样态，它并没有从技术上彻底改变产品的功能，只是让产品的可用性更加完善，同时也让产品的外观更符合现时的需求。在理想情况下，设计改良应该具备如下四个特点：一是改良设计以原产品的技术标准为基础，以因需完善、有效利用为目标；二是不偏离原有工业产品的生产体系；三是提高生产条件并更新材料，从国家利益的立场来改良工业产品设计；四是尝试让提供方和引进方协调一致，互惠互利。

不过，由于社会学意义上的改良论带有保守的一面，因而我们在这里使用改良设计一词，仅仅是在国家工业技术薄弱的现实语境中，在保留当时社会的设计现状情况下使用的一个概念，本意是突出概念所在的特定历史环境，并使之成为中国现代设计历史中表征时代背景的词语。在考察起步较晚的工业产品设计时，应该重视产品设计与工业化程度不高的现实历史条件，公允看待并承认当时已经出现的工业产品设计，也就是将当时设计师的作为、成就和价值置于设计史发展进程和社会经济的冲突中加以考察。

其二，20 世纪中叶的中国工业设计具有矛盾性。为了扬长避短，改良设计就不失为一种好的方式。这时的改良设计实际上是在当时经济条件下的一种迫不得已的行为，因为产品开发的资金和技术力量有限，即使工程师和设计师竭尽所能，依然会被生产资料、生产能力和资金短缺等现实条件限制住手脚。但不可否认，这一时期也产生了一些能满足消费者需求的产品。例如，上海广播器材厂生产的上海牌160-A 型收音机在设计时考虑到不同地区的气候条件，对一些重要的零部件进行了防护处理，如用环氧树脂浸渍比较容易损坏的输出变压器，并加特种沥青包封，这样处理后，用户即使在亚热带甚至热带地区也能长时间地连续使用。

政府引进国外重大技术，并在工程施工建设与投产中成为主导力量。沈榆在《中国现代设计观念史》一书中将这种情形称为工程设计的"溢出"效应，突出表现在：（1）国际现代主义对中国的间接影响，可以说是以工程为载体发展的；（2）国际技术、工业产品的转移没有停止过，只是由整体转向分散；（3）学会制造某一个终极产品成了基本目标；（4）工程技术人员以优化和改进为目标进行产品的拓展。其中前两点表明中国的工业设计并没有脱离世界现代主义设计，而是以工程建设为主导，通过技术转移将国际现代主义设计分散到大小不同的工业生产领域，但从某种程度上影响了自主研发和产品的制造能力，结果就有了后两点以优化和改进为目标的结果。

综上所述，我们从历史的角度大致梳理了从组装到自主改良设计的理论观点。组装与改良设计同属于产品制造与加工环节，因为"从理论上讲，只要工业产品使用地区发生变化，其设计一定会有所改进，以适合该地区的自然环境以及使用者的需求"，所以从工序上说，改良设计先于组装；但从技术引进和学习的角度讲，产品组装在先，只有在使用经验的基础上，后续产品制造才有可能加入改良设计环节，即改良设计是不断改进的积淀过程。后现代主义的设计思潮无所不包，部分设计师间接接触到国际现代主义设计或感受到它的影响，由此形成了以社会主义计划经济及其生产为导向，在内销和外贸产品两方面同时努力的局面。

第四节　出口贸易中的工业设计

中华人民共和国成立后，通过出口扩大国内外物资交流曾一度成为国家经济建设工作的重要任务。由于国家专项扶持的重型工业主要集中在军事工业和急需的基础建设工程等方面，因而出口创外汇的任务就集中在轻工业部门。沈榆在《中国现代设计观念史》一书中提到，20世纪50至70年代，"中国工业产品出口贸易一般来讲靠质量取胜，国内主管部门为了保持市场份额，也会采取一些措施来保证外贸任务的完成"。在这句话中，有两点值得我们重视。第一点是质量。在当时的质量标准中，经久耐用的产品外观及装饰是很重要的评判指标。但好的装饰并不完全等于优良的质量，这一点对当时的中国工业产品设计而言，工业化过程中的产品装饰与薄弱的产业经济两相抵牾，因为它无法解决工业产品整体设计问题。当时的外贸产品外观与装饰的质量主要体现在适合生产、制造以及实用等方面，同时也保留产品生产材料的基本性能，在器物构造的基础上适当增加装饰成分，以达到文化适应的目标。当然，受生产成本与技术等因素的制约，当时的外贸产品并没有太多附加的东西，基本上不存在用材料和装饰来掩盖质量缺陷的问题。第二点是措施。措施包括商业管理部门出台的一系列政策。从 1952 年张崇贤的文章《扶助出口扩大内外物资交流是外汇工作的当前重要任务》中，我们可以看到的最初措施包括：（1）配合大规模经济建设的开始，进一步扩大物资的内外交流。首先是国家银行根据中央人民政府的对外贸易政策，在不同时期联合不同的力量，认真贯彻并大力扶持进出口政策。其次是协助解决国内外运输问题，一方面提高了经营者的积极性，另一方面将农畜产品运往国外，换回国家建设必需的生产器材和物资。（2）为国内外贸易交流创造有利条件。主要内容是与苏联和其他新民主主义国家达成外贸进出口协议，出口各种农产品和玉石器、草席等手工艺品。（3）扶持出口。由于要争取大量工业生产器材和原料的输入，必须以大量出口输出物资进行交换。同时有数据显示，1952 年国家出口总值为 8.2 亿美元，进口总值为 11.2 亿美元。到 1980 年，出口总值为 182.7 亿美元，进口总值为 195.5 亿美元。综合来看，尽管国家职能部门想方设法扶持出口，但在计划经济时代，出口总值总是低于进口总值。即便如此，在国家的统一配给下，依靠初级的农产品和手工艺品换取的为数不多的外汇被集中投资到国家优先发展的重工业产业中，而轻工业产品生产与制造则面临资金短缺的问题。显而易见，需要投入大量资金进行产品研发的企业在很长一段时间得不到培育和发展，只能被迫转向成本低廉的手工或半机械化生产。传统的陶瓷产品生产所需成本相对较低，而中国陶瓷工人生产的外销瓷器质量又好，所以陶瓷生产行业成为当时赚取外汇最多的轻工业产业。而对于其他工业产品而言，改良设计或二次设计也就成为一种无可奈何的选择。

措施也可以是改良出口产品外观和增强出口产品质量，如前文提到的华生牌电风扇以及自行车、照相机等外销产品。在有限的条件下，有研究者提出"利用传统技术开发新产品"的主张。在特别的历史阶段，这是一个有价值的主张。这个主张的完整表述是："利用传统技术开发新产品对发展中国家的工业设计尤为重要。传统手工艺是长期以来地方资源与特定的生产技术相结合的产物，凝聚着当地人民的智慧和独特的美，是一种历史文化的积淀，具有较高的文化艺术价值。但是，设备简陋、工艺流程不合理、产品仅局限在几个传统式样，再加上缺乏市场信息，其产品并没有被广大的消费市场所接受。工业设计有助于这类产业的发展。这些产业具备投资少、耗能低、合适的技术和丰富的劳动力资源等有利的条件，通过设计便可以创造很高的附加价值。经过一定时期的发展，部分工艺可以被纳入现代工业批量生产的轨道，成为现代生活用品的一个组成部分。这对发展中国家的经济将起到不可估量的作用。"虽然这是针对发展中国家而提出的解决方案，但从理论上也有助于我们理解20世纪计划经济时代的外贸出口工业产品。

首先，在资金投入不足而难以引入新设备、新技术并进行人员培训的情况下，利用原有的熟练的技术人员尝试开发新产品，从效率和成本上看是最优化的选择。当然，前提条件是技术人员需要具备一定的工业设计意识。其次，既然传承下来的传统技术有其可取之处，那么就应该继续发扬之。《庄子·天地》云："能有所艺者，技也。"只有掌握一定技术或技艺的人才能进行创作，这类人就是我们常说的手艺人。手艺人有其温情的一面，他们可以用双眼、双手发现并创造与生活相交融的美，使人的情感在很大程度上被保留在器物里。换言之，如果能够将优秀的传统技艺统一到工业标准化生产之中，那么，即使是在计划经济条件下，人的劳作也会被幸福地凝结在产品之中。最后是对传统的理解。传统不一定非得流传百年甚至千年，富有创新能力的手艺人将平生积累的经验传授给徒弟或下一代人，这也可以成为传统。传而统之，再传再统之，优秀而非僵化的基因才会代代相传。当时为国家带来可观外汇的陶瓷、景泰蓝等，不都是"利用传统技术开发新产品"的范例吗？

沈榆在《中国现代设计观念史》一书中将出口贸易中工业设计的意义表达得很清楚："与外贸相关的产品标准、工艺技术、制造企业，包括外贸印刷厂、外贸设计公司都被认为是孕育先进设计观念的温床。事实上这些企业和机构直接面对海内外的市场需求，并且有机会接收更多的市场信息、竞争对手的设计观念和技术手段，为日后设计观念的更新积蓄了能量。"

第四章 改革开放后20年的工业设计理论认知

　　1987 年 10 月 14 日，近 200 名来自各地教学、科研和生产等部门的专家、学者
及设计人员，在北京共同见证了中国工业设计协会的成立。在成立大会上，钱学森
在讲话中认为：工业设计运动符合人类文明的方向。中国工业设计协会的成立是我
国物质文明和精神文明建设中的大事。技术和艺术是相通的，应该把功能与美、技
术与工业设计结合起来。设计家应该与工程设计人员很好地协作。工业设计是自然
科学与社会科学的结合，它的职能范围要远远超出部门划分的界限。科技和艺术要
联盟。马克思主义哲学的基础是社会实践，我们的实践活动既受马克思主义哲学的
指导，也必然会深化和丰富马克思主义哲学。事实上，该协会早在 1978 年就开始筹备，
当时协会名为"中国工业美术协会"，并先后组建有陶瓷、电子、装潢、家具等八
个全国性二级协会，由于工业发展的现实需要，协会正式成立时更名为"中国工业
设计协会"。一词之差，差在人们对工业技术与艺术相结合的认知上，而这样的认

图 4-1　中国工业设计协会成立大会参会人员合影（局部）

知差异，来自当时中国社会正在发生的历史性巨变——改革开放政策让中国开始走向市场经济。

20 世纪思想巨匠卡尔·波兰尼在《巨变》一书中将市场经济定义为"一个自律性的市场制度"，也就是"一个由市场价格——而且只由市场价格——来导向的经济"。我们知道，在国家实行计划经济时，并不存在企业或行业自律的问题，每一个企业通过政策性的分离与区别形成特定身份之后，都会属于不同政府行政机关管辖下的生产经营企业，其生产任务由政府主管部门安排，接受上级行政主管部门的直接管理。在这种管理模式下不会存在真正独立的利益主体，也就是说企业既不是利益主体，也不是产权主体，国家行政管理部门统一安排企业的人、财、物、产、供、销，企业之间不存在竞争关系。但从 1979 年之后，随着改革开放和经济体制改革的深入发展，越来越多的企业脱离了国家行政管理部门的下属企业地位，成为今天我们熟知的市场经济条件下自主经营、自负盈亏并有独立利益的市场主体，以追求利润最大化为经营目标。这个时候自律性就成为中心话题，经济主体开始在金融系统中思考自己的观念和行为，并在实践中逐渐形成影响工业生产进程的一系列规则。

事实上，在 20 世纪最后 20 年的时间里，由于利益需求的驱动，构成市场经济主体的工厂、企业或者公司，其自主行为往往难以自律。再加上市场主体呈现出越来越多元化的格局，新的市场规则和秩序还未成形，计划经济体制下的企业运行方式和条块分割虽然已不符合实际情况的需要，企业内部的行政化管理正逐步失去原有的权威，但旧有的经济体制影响力并没有很快消退，它依然在发挥作用。尽管如此，在外部环境剧烈变化的情况下，历史还是对工业设计和设计行业的业务以及运营能力提出了全新的要求，西方原有和新兴的设计思潮以及中国改革开放带来的现实问题，迫切要求设计师具备在复杂、多元化以及不确定的环境中理性思考的能力。这一时期高校工业设计教师也重新站在理论和观念的角度，认真思考设计作为市场经济发展环节中重要而且复杂的存在的这一问题。事实上，他们也需要以此来合理解决教学中遇到的各种问题。

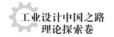

第一节　概念与范畴的再认识

自晚清传教士创办使用西式铅印活字印刷术的汉文出版机构开始，经洋务运动和民国时期民族资本家引入的机器生产和制造方式，再到中华人民共和国成立后30年间国家实行的工业化生产与建设，在很长一段时间内，工业化或许只是一个经验性的概念，轻工业范畴内许多关系到民生和外贸创汇的行业尚处于劳动密集型的手工业或半机械化生产状态。虽然有大、重型工程设计为当时整个国家的工业化进程夯筑基础，但系统化的工业设计实践却没有得到充分发展，取而代之的是以轻工系统内手工、半机械为主要内容的工艺美术生产。工艺美术能够承担传统工艺的复兴任务，有其时代的特殊性，但手工艺观念指导下的工艺美术家并不能完全承担现代工业设计的重任。在新时代的工业生产环境中，他们或自我更新，以便获得新的工作岗位；或继续走工艺美术之路，在特种工艺及特别技能上占有一席之地。1978年开始的改革开放政策让包括工业设计在内的诸多不同行业开始重新定位自身，而定位首先需要解决"我是谁"，也就是概念的问题。那么，什么是工业设计？其范畴或边界在哪里？界定的标准又是什么？结合同时期的理论探索，也许有助于我们更好地思考这些问题。

从整体上来说，依据我们对20世纪最后20年理论成果的梳理情况，这一时期工业设计的概念和范畴界定尚处在一个比较混乱或众说纷纭的阶段，特别是将工业设计或狭义的工业产品造型设计归属于工艺美术，让工业设计蒙上了一层朦胧的面纱。在1978年前后，中国学术界指称的工业设计往往指的是机械、电子、钢铁、煤炭、橡胶、医药和包装等工业部门的工程设计；之后学术界开始有了倾向于商业与美术相结合的工业设计概念，通常称之为工业美术设计、工艺美术、工业意匠、产品设计等，但当时工业设计和针对商业设计而言的工业意匠之间的"区别并不明确，总之是以现代化的机械大量生产制造出来的机械、器具、家具、工具等为主要对象，追求生活上的造型的效果"。机械生产和造型效果被整合在同一概念之中，这是产品科技与艺术尚未完全区分之前的定义。这一定义根据对象范围的不同，将产品设计和视觉设计纳入其范围之内，然后从狭义的角度将工业设计分为日常生活用品（如厨房用具、收音机等）、功能产品（如汽车、打字机、缝纫机等）、装饰性产品（如家用玻璃器皿、陶瓷器、染织品等）三类。20世纪80年代初期前后，由于手工和半机械化生产的装饰性产品比较多，与工艺美术品相差无几，但只要采用的是批量化生产的方式，一般还是会被当作工业设计产品。比较特别的是这一时期的平面设计，以印刷媒介为主的美术类商业设计，如广告、招贴画、印刷品、展示、包装等都属于工业美术设计范畴。

不过很快，工业设计的概念就开始有了新的定位。在部分研究者看来，工业设计"不是工程技术设计，不是工艺美术设计，也不是工业美术设计（工业美术造型设计），工业设计是现代化工业建设时期的一门新兴学科——产品形态学，它与上述几种设计有质的区别"。这一定位将工业设计视为产品形态学，以区别于工程技术设计、工艺美术设计、工业美术设计。从我们今天的认识来说，产品形态之"形"来自产品的功能、结构和材料，同时受制于使用空间与技术实现途径，且着重于产品的尺度、形状、比例及空间层次关系，其"态"指向产品外观和可以感知的状态，也就是产品外观所体现出来的表情因素。这与工业美术设计并无本质性的区别，仅仅是不同的称谓而已。从学科的角度，产品形态学与艺术、科学和经济等学科交叉重叠，其内容涉及心理学、社会学、色彩学、文学、历史学、工艺学、材料学、物理学、企业管理学等诸多学科，已经属于广义上的工业设计。1987年，在中国工业设计协会成立大会上，钱学森的发言涉及技术与艺术、功能与美、技术与工业设计、设计家与工程设计人员、自然科学与社会科学、马克思主义哲学与社会实践相结合等一系列问题。概括起来，钱学森所理解的工业设计大致涵盖技术、艺术和设计与人的实践哲学，其内涵丰富、范围广泛，虽然涉及工业设计的核心要素，但是因为内容太多，所以也很难为其界定一个确切的概念。

1987年，柳冠中在《文艺研究》上发表了《当代文化的新形式——工业设计》。文章首先将工业设计当作"一门工业时代的新兴边缘学科，是现代科学技术和人类文化艺术发展的产物……一般来说，工业设计是对所有工业产品设计的总称"。其中包括生产性工业产品、民用工业产品、家用电器、日用器皿以及建筑与环境设计、平面设计等。在工业设计的范畴内，从社会、经济、技术角度对产品的功能、材料、构造、工艺形态、色彩、装饰等诸因素进行综合处理，"既要符合人们对产品的物质功能的要求，又要满足人们审美情趣的需要。所以说它是人类科学、艺术、经济、社会有机统一的创造性活动"。这一定位的源头应该是国际工业设计协会联合会对工业设计所作的定义，"就批量生产的工业产品而言，凭借训练、技术知识、经验及视觉感受而赋予材料、结构、形态、色彩、表面加工以及装饰以新的品质和资格，叫作工业设计"。该定义的前提设定是机器批量生产的工业产品，手工产品不在工业设计范畴之内。换言之，工业产品生产与手工艺人的作品创作不属于同一领域。虽然工业产品设计也需要有一定的经验为基础，但更多是团队而非个人经验的积累，个体所接受的技术知识及训练是以先进的生产方式和分工协作为标准的训练。综合技术知识、经验和感受而得以将材料、结构、形态、色彩等要素施于工业产品中，由此确定产品的品质。这个过程类似于艺术创作，带有比较强的创造性，可见此概念其实已经有意识地将艺术化的成分引入工业产品设计之中。所以柳冠中也创造性地将工业设计视为现代科学技术与人类文化艺术共同发展的产物。

值得一提的是，柳冠中的文章还认为"工业设计的核心是产品设计""是相对于手工业时代的'意匠'"，这样就从历史的角度将工业设计与工艺美术区别开来。他具体论述的思路是：（1）工业设计与工艺美术都是人的理想与现实结合后的实践，其理论亦是如此；（2）手工业时代的工匠技能熟练、经验丰富，一般独立完成产品的构思、制作甚至销售，并在过程中根据人们的需求不断改进、完善，提高创造力，其创作程序和生产方式基本上与手工业时代的生产力、生活方式相适应；（3）技艺娴熟、选材适宜成为衡量手工艺品的标准；（4）没有设计师，只有艺术家、工匠、艺人；（5）工业设计是在小生产向大生产过渡中形成的，其根本原因是设计与制造、销售与制造的分离－分工；（6）机械化大生产带来的分工是工业设计的基础，分工决定设计的地位，是工业设计发展的催化剂。

以上六点就是工业设计与工艺美术分野的历程与主要因素。其中社会分工是关键，职业设计师由此成为可能。正如国际工业设计协会联合会第十一届年会那样，在给出工业设计定义之后，紧接着就对工业设计的流程进行了内容上的分解或分工，"根据当时的具体情况，工业设计师应在上述工业产品全部侧面或其中几个方面进行工作，而且，当需要工业设计师对包装、宣传、展示、市场开发等问题的解决付出自己的技术知识和经验以及视觉评价能力时，这也属于工业设计的范畴"。需要注意的是，平面设计如包装、宣传（广告）以及展示设计、市场开发也被纳入工业设计的范畴，国内研究者在近20年的时间里几乎都接受了这一分类法，直到1998年教育部在颁布的《普通高等学校本科专业目录》中增加艺术设计学为止，才逐步将平面设计（包括企业形象设计）、环境艺术设计从工业设计中独立出来。

当时有一些研究者已经认识到现代工业设计与当时的工业美术之间是有区别的。工业设计不只是"对产品外部形式的设计，而是将涉及产品的全体，贯穿生产的全过程，它不仅是依附于已定的内在结构的外表装饰，还是参与产品内外全体的设计，以适时、恰当的外在形式对产品的本质力量做最后的肯定，成为产品最终的存在方式"。显然，工业设计是以工业产品为中心的现代设计，它"越来越广泛、普遍地涉及社会生活的各个方面，负有对社会物质生活再创造、再组织的重要使命，需要依靠社会、生产体系的力量来完成，需要各学科知识的综合"。事实上，当时也有研究者意识到不能简单地将同属于工业设计的产品工程技术设计和产品艺术设计割裂开来。按照中国当时产业归属的部门进行划分，虽然前者隶属于机械电子工业部门，由专业的工程技术人员进行工程计算和结构设计，是产品的理性内容；后者隶属于轻纺工业部门，由美工人员负责产品外观的艺术造型，是产品的感性形式，但不应该将由此出现的这两类设计割裂开来。两者的生硬结合只会导致产品结构、功能与外观造型缺乏统一而有机的联系，"不能充分开拓产品的功能，而且也难以确保产品技术质量与外观质量的统一、物质功能与精神功能的协调一致。依据现代工业设计的观点，产品设计是一个融工程结构设计和产品造型于一体的系统工程"。当然还应该包括市场开拓方面的内容。至于当时已经出现的信息社会一说，则将工业设计带向另外一种社会场景，信息社会的工业设计"与工业社会的区别在于，从原有的硬件（硬体、单件）式的产品设计发展到强调软件（软体、总体）式的系统设计。信息社会中的工业设计师，必须以隐性的软体设计为前提，进而搞好各种硬体产品的设计，有效地解决现代科技与社会生活应用方面的矛盾"。显然这就进一步丰富了工业设计的内涵。

但并非所有人都认同工业设计的上述内涵或定义。他们坚持在市场经济现代化过程中以工艺美术为主导观念，探索如何更新工艺美术的概念，尝试用现代工艺美术囊括工业产品设计、室内设计、服装设计和平面设计，让这些类型的设计成为现代工艺美术的分支。1984年，他们努力的成果最终汇集成《当代中国的工艺美术》一书。即使是1987年中国工业设计协会成立后也没有立刻统一观念。在这种背景下，1988年11月11日，当时的中央工艺美术学院工艺美术历史及理论系举办了中国工艺美术的现状和前景讨论会。在这次会议上，彼时还在攻读博士学位的李砚祖认为：（1）限于产生的时代和条件，以实用工艺为主体的具有强烈艺术特质的工艺美术造物文化有着比较明显的局限性。（2）现代工艺文化理论、工艺造物理论、工艺艺术理论是对工艺历史所做的一个正确而初步的说明。工业设计在这方面与工艺美术有着本质的联系，大机器生产的属性，使其承担了过去由实用工艺承担的那部分造物生产，成为重建现代生活方式的主流。工艺美术则发展成以艺术欣赏为特征的当代新形式。（3）重心的转移是社会工业革命态势中新分工的必然结果。（4）工艺美术的具体品类在历史上都是优秀的设计和先进生产技术的代表，其创造性的设计思想是工业设计走向未来的动力。（5）作为行业的工艺美术生产在当代主要承担传统工艺的复制、创新任务，有特殊性，它的结构和素质不能承担现代工业设计的重担。因此，工业设计和工艺美术必须分作两大学科来建设，发挥各自的优势。

随着国家经济的复苏，持有类似观点的业内人士越来越多。时任工业设计系主任的柳冠中认为：（1）工业设计不同于工艺美术，有着本质的区别，它的深化过程、设计过程、思维方式与涉及的知识层面、动用的手段都不一样。（2）设计标志着一种新的生存方式，反映着时代的变革，它与农业文明的生产方式相区别，是工业文明的产物，而且为信息社会的到来做准备。（3）工业设计不是指具体的工业品，更主要的是指一个方法论问题，解决方式问题。设计还是一种信念，它是对未来的追求。（4）设计的基本层次有三方面，即外观设计、产品设计、方式设计。（5）如果我们强调工业设计是工艺美术的延续，有许多问题将得不到解决。

时任《装饰》杂志记者的邹文认为：（1）由于工艺美术一直是工业设计理论的潜在参照，所以后者的现状可以反证前者的未来。遗憾的是工业设计的理论是薄弱的。它的基点只是力图与工艺美术相区别，构架却无所不包。（2）工业设计与设计的概念混淆不清，使工业设计在区别于工艺美术后无法与别的设计相区别。（3）这种无所不包的态势使工业设计失去了范畴界定和性质自律，因宽泛而薄弱，因松散而解体，所以工艺美术在工业设计的无力的冲击面前，短期内不会被取代。（4）建议大家认同艺术设计的概念。综合来看，参会人员均看到了工业设计和工艺美术的本质区别，不过邹文的建议差不多十年之后才得到广泛认同。

20世纪90年代后，有关工业设计的概念和范畴才逐渐趋于统一。轻工业部原部长曾宪林综合各方面意见，也提出了他自己的见解："工业设计是工业产品的技术功能设计和美学设计的结合与统一，是科学技术与现代社会经济、文化、艺术的结合与统一。工业设计为人服务的核心是通过产品设计来体现的，其关键是如何使商品更迷人、更有魅力、更适销对路。……工业设计是由宜人学（又称人体工学）、经济学、人文学、技术学、生态学和美学等学科有机组成的一门综合性的、新兴的系统工程，是现代科技和人类文化综合发展的产物。目前工业设计的范围和内容，除产品设计外，大体有造型、色彩、表面装饰、包装、装潢、商标以及环境艺术、室内装饰、商业广告等。这和过去说的产品技术设计是明显不同的，两者不能混淆。"除工业设计涵盖的范畴之外，这样的认知与现在对工业设计的认知无太大差别。学术界的认知也是如此。譬如工业设计既不同于工程技术设计，也不同于艺术设计。工程技术设计，是在技术范畴内物与物之间关系的设计；艺术设计是精神范畴内人与人之间信息、情感的传递设计。工业设计则是在"人－产品－社会－环境"系统内的人与物间关系的设计。它设计的目的物是产品，但出发点与归宿点是人。因此，工业设计的本质是为人设计。或者认为工业设计应包括机械设计与制造、经济性设计、通用性设计、安全性设计、操作舒适性设计、造型及美学设计及环保性设计等内容。可见，以人为中心的工业设计在机械、经济、安全、环保、美学与舒适性等方面发挥着越来越重要的作用，其目标在于为人创造合理的生存方式并提升人的生活与环境质量。显而易见，这就是工业设计的本质。

第二节　观念融通与方法借鉴

柯林武德在他的《历史的观念》中谈到，一个自然过程是各种事件的过程，一个历史过程则是各种思想的过程。人被认为是历史过程中的唯一主体，因为人被认为是在想（或者说充分地在想、而且是充分明确地在想）使自己的行动成为自己思想表现的唯一动物。同样，以人为主体的观念史抑或思想史，本质上也是人的思想不断发展、积累、融通、积淀的过程，同时也是借鉴和被借鉴的过程。结合中国现代设计的历史来说，由"工艺美术"概念发展为"现代设计"概念，其动力来自国民经济发展的需要。在这一需求动力的驱使下，中国设计的民族性、社会性在同步发展、提升，并不断吸收外来观念和思想，或充实或弥补自身认识上的不足，从而让自身的设计观念逐步上升到一个新的高度。

事实上，从 20 世纪 70 年代末开始，我们就处在现代（工业）设计文化、观念融通和方法借鉴的过程中。1978 年，日本的吉冈道隆、原田昭等先后来华讲学，听课的成员多为高校建筑、化工专业的教师和电器生产行业的技术设计人员。1980 年 4 月 19 日，第一机械工业部发出《关于加强改进机电产品和仪器仪表外观质量工作

图 4-2　1980 年 9 月，第一机械工业部仪表造型训练班第一期学员结业留念照

的通知》，要求将外观质量作为产品设计、试制、鉴定的主要考核目标之一，同时要求大型企业的产品设计部门必须有美术设计人员；同年 9 月，由第一机械工业部组织的仪表造型训练班第一期学员顺利结业。20 世纪 80 年代中期，吴静芳、柳冠中、王明旨、张福昌等先后公派留学德国、日本，学习国外现代设计的方法和理念，为国内设计带来了新观念；受此影响，原中央工艺美术学院辛华泉、陈菊盛以及原上海轻工业专科学校的吴祖慈、原苏州丝绸工学院的黄国松等教师相继翻译、编写教材，为当时中国的设计及设计教育做出了贡献。在这个过程中，伴随着中国的改革开放政策和市场经济腾飞，中国的部分高校和设计师率先"移植"了国外现代设计的新观念、新方法，除在高校设置工业设计专业之外，一支又一支年轻的专业设计队伍逐步形成，深圳、广州、上海等沿海城市开始有面向社会服务的工业设计公司或事务所成立，如南方工业设计事务所、深圳蜻蜓工业设计公司、广州雷鸟产品设计中心等，在一些大企业内部也成立了相应的工业设计小组或部门。

　　不难看出，这些现象都是改革开放后新观念、新方法带来的结果。在 20 世纪 80 年代"工艺美术"概念发展为"现代设计"概念的过程中，设计学基础教育领域的"设计构成"概念影响深远，它在平面构成、色彩构成和立体构成方面完全区别于一度影响中国现代设计进程的"图案"概念。这就是人们熟知的三大构成。设计构成训练肇始于伊顿在包豪斯设计学院开设的基础课程，以探究结构与形态之间的关系为目标，在过程中培养人的设计意识，因而重在培养人的心手相应和对形式的审美感悟能力，理解并兼顾技术效应和精神效应的重要性。概言之，设计构成抑或三大构成属于设计形态学的基础教育范畴，以启发和培养人对新秩序的创造、感受、判断及造型能力。

按照原中央工艺美术学院辛华泉的说法，以形态或材料等为素材，按照视觉效果、力学或精神力学原理进行组合就称为构成。这是一种既包括机械性作业又包含思维运筹的直观操作，所以它是形象思维与逻辑思维相结合、理性与感性相结合的产物。这应该是国内较早对设计构成概念进行的描述，其中包含设计元素、视觉效果以及艺术（精神）和技术（力学）的综合。以人为本的现代产品设计需要建构一种满足人类需求的功能形态，因此设计构成的最终目标也是培养设计从业人员如何将理性的人机工程内容转化为人的感知、体验等感性的形式内涵。在这种情况下，设计构成就要承担三种不同的任务：（1）让人的感官能感知造型带来的形式表象；（2）架构人能感知的形式空间，但这个空间是特定意义的空间；（3）让形式最终为产品功能服务。辛华泉之所以说"构成专搞抽象"，一方面是要说明科技与经济进步对于工业设计的重要性，另一方面则是充分肯定抽象的价值，因为这是人类认识深化或飞跃的表征。从这个意义上看，三大构成特别强调造型空间和形式美，而非特定功能，本质上就是对人类第一、第二自然的提炼、概括与抽取。在构成训练中，无论是从具象到抽象，还是从抽象到具象，其实是作为成长中的设计师必须经历的一个不可缺少的认知过程。

辛华泉认为构成是设计最有效的基础，其中包含三重意义：第一重意义是，设计构成以工业设计为最终目的，或者说它是工业设计的基础，其创造的形态来自自然和现实生活，但设计师已将情感和主观联想注入其中。需要特别说明的是，这种情感表现并非艺术家式的个人情感，而是以群体需求为基础的社会共通的情感，因为只有这样才能保证工业产品正常的市场销售。显然，设计构成及其最终目标都是主、客观相结合的产物，这也从相反的角度说明，在设计构成训练中，我们将对象分解然后重新组合是有意义的。虽然是以已经具备空间活力的形态为蓝本，但在重新构成或组合的过程中，参与训练的人必然能感受到技术加工和材料带来的魅力与制约，从而真正体验造型形式是如何保证产品的物质功能的实现的。当然，参与其中的人也能体验到艺术与技术的再统一的深刻含义。而且，由于设计构成以实用性为标准，因此构成便有着一定的实际尺度和比例的要求，人们可以对手中的构成作品予以直观判断，但更重要的是基于工程计算后所得到的理性判断。唯如此，我们才能避免设计资源的浪费，才能保证包含在构成作品（未来产品的概念构成）中的物质功能与精神动力的实现。

第二重意义是，在辛华泉那里，设计构成观已被作为一种科学的思想方法而确立。他指出，这种思想方法的核心要点就是用"分解—构成—再分解—再构成"的观点去观察、认知已有作品（产品），在此基础上学会创造新产品的方法，并养成专业意识。从这层意义看，设计构成训练其实与形态的抽象性和具象性并没有直接关系。比如，一双筷子可以简化为两条直线，也可以用不同材质外加许多不同的立体造型来实现筷子的唯一使用目标。这实际上就是工业产品设计所依循的技术规定性与形式自由度相统一的基本原则。当然，这一基本的构成原则也源于人们对自然与生活形态的归纳与凝练，不管是基础的优秀构成练习，还是已经量产出来的广受欢迎的工业产品，它们的造型形态之所以独具生命力，就是因为作品或产品都是上述统一原则的产物。伟大的文学家、自然科学家歌德曾经说过，在限制中才能显出大师的本领，只有规律才能够给我们自由。中国自改革开放以来的工业设计实践也已经证明，科学而系统的思想或思维方法有助于我们有效把握技术的客观规律，技术越成熟，工业设计就越有多种可能性，这样工业产品的造型形式就会获得越来越多的自由度。

第三重意义是，辛华泉认为，在中国设计教育的历史与现状中，具象多，抽象构成的知识则比较浅薄，所以当前的构成教育多侧重些抽象形态也应是无可厚非的。他强调设计构成教育应注重抽象形态的重要原因在于，凡是属于工业化批量生产的，其绝大部分都是抽象形态。这就从事实上进一步证明设计构成作为专业基础教育的重要性。众所周知，机器化带来的产品标准化和大批量生产是现代工业产品造型形式简化的主要原因，德国包豪斯设计学院与工业同盟的开创性工作为工业时代简洁的产品造型设计开拓了前进的道路。20世纪80年代重新输入中国的西方现代工业设计观念，让设计师和理论研究者直接跳过了设计是艺术还是技术的纠结，人们很快就意识到，许多优秀工业设计产品的造型形式之所以合理，并非完全是由几何意义上的简洁、和谐与比例等因素带来的，而是关涉消费者如何欣赏设计师的审美创造并乐意消费的问题。但这是一个内容随时代变化而变动的比较复杂的话题，非本节内容所能容纳，故而本书仅将辛华泉先生的观点罗列如下，在展示其完整观点的同时，也希望有机会对审美与消费之间的关系做进一步的思考：（1）构成与设计在材料、工艺、形态、意义的综合练习方面是完全一致的，所不同的是构成所用之材料是抽象的材料（线、面、块等），所采用的工艺是模仿工业加工的手工操作（折、粘、剪等），构成是去掉了时代性、地方性、社会性、生产性的造型活动；（2）构成可以为设计展示所有可能性，提出供筛选的广阔范围，从而保证设计质量；（3）构成可以为设计积累大量的形象资料，使形象思维更加活跃；（4）有些构成本身就是目的设计。

从20世纪80年代到21世纪前10年，有关设计构成的观念无出辛华泉先生之右，《装饰》杂志曾于2008年重新刊登他的《论构成》一文，足见其重要性。与构成观念同样重要的是人机工程学，这是影响力相对较大的另一种工业设计观念或思想，我们也可以称之为方法论。因为只要存在人使用机器的情况，人、机之间就会存在如何使用和如何更好地使用的问题，何况两者间还存在相互作用的关系。从已发表和已出版的学术论文、专著数量来看，人机工程学是一项历久弥新的课题。1961年，《国际劳工评论》（ILR）曾给人机工程学下了一个定义：运用生物学和技术科学，对人及其工作进行最适宜的调整，使之能提高工效，并能胜任愉快。国际人机工程协会（IEA）的定义是：人机工程学是研究人在某种工作环境中的解剖学、生理学和心理学等方面的各种因素；研究人–机–环境的相互作用；研究在工作中、家庭生活中和休假时怎样统一考虑工作效率、人的健康、安全和舒适等问题的科学。相比较而言，IEA 的定义以人的健康、安全等因素为中心，强调环境与人的相互作用机制，因而相对比较完整。

从方法论的角度看，人机工程学有助于人们在工业设计中对涉及人的安全性、可靠性和宜人性等进行系统研究，并在人－机－环境系统中通过对各类因素加以具体分析，从而为产品设计提供所需的有效实验数据和设计参数。这是艺术在或感性化的设计方法不太可能企及的内容。进一步地说，在人的自身机能无法达到目标以及人的行为无法被设计的情况下，可以通过人机工程的有效途径来创造一些有利于特定行为发生的条件。这一点或许正好可以证明马歇尔·麦克卢汉的观点：人有意识地调整各种各样个人的和社会的因素，去适应新的延伸。可见，除安全、健康、舒适等外，人机工程学的导向性带有明显的设计创新意味，在技术科学的可控范围内，它还能通过设计来实现规范人的行为的功能，为普通人的生活带来更加直接而优良的体验。但由于人和机器之间属于劳动主体与劳动工具的关系，所以明确人的使用能力和使用方法，是合理进行产品或设备设计的必要条件。众所周知，人的疲劳程度、视力水平、使用熟练度等，都会影响到人使用机器的效率和安全问题，因此就现实中的人机关系看，无论什么机器设备，总是要以使用者的生理、心理特征以及普遍存在的习惯来衡量设计的成效。

因此，从中国最初引入人机工程学开始，研究者就关注这样几项内容：（1）如何降低劳动者的体力消耗和消除劳动时的紧张情绪，设法改善产生这些情况的各种因素；（2）研究劳动者的劳动姿势，改善工艺设备条件；（3）研究各种仪表、信号、显示器如何适应人的感官和操作；鉴定各种仪表信号的显示效果，提供改进这方面设计的意见；（4）研究人和机器（作为人机系统）在总体设计方面应如何分工；（5）研究人如何适应操作，如何对劳动者进行相适应的操作训练。可以看出，这些内容紧扣人和机器在劳动过程中的各个接触面——人的体力和情绪对应于机器或劳动环境改善；人的劳动姿势对应于设备条件改善；机器操作界面设计对应于人的感官和操作；人的分工对应于机器的分工；人对应于机器操作的学习。人不能离开工具或机器而劳作，机器也不能离开人的控制与操作而独自运行。虽然今天的我们已进入自动化的社会，但还远未达到人和机器完全剥离的地步，毕竟目前智能化的机器人还需要人来为其设定行动指令。

当然，人机一体的观念之所以产生并很快得到广泛认同，是基于上述人机不可分离的事实。的确，在中国传统文化中，"机器"和"机体"这两个词有着天然而共同的属性，单从字面上看，两者都与"机"字相组合。这个"机"字本身是多义字。我们知道，"机"的繁体字写作"機"，源自"幾"，有预兆、细微、机会、危险等意，可引申为事物萌芽与变化之含义。《易经》："君子見幾而作，不俟终日。"《诗经》："天之降罔，维其幾矣。"而"機"的最初含义是弩箭上的扳机，即"弩牙"（《尚书孔传》释为"機，弩牙也"）。扣动扳机，弩箭射出，"機"就意味着以微小的代价控制器械的运动过程与结果，而且可能是很显著的结果。"幾"的意义即体现于此：抓住事物发展的苗头就能控制其发展。古人将机械装置中的转轴部件称为"旋機"，《尚书大传》释为"旋者还也，機者幾也，微也。其变幾微，而所动者大，谓之旋機"。这时"機"的价值就在于：适当调控可以较小投入获得较大收益。再看生物学意义上的"机"，常用组词为"生机勃勃"，动植物的生长与繁殖就在"机"中展开、传承，并与外部环境处于有机联系之中。当人将自己和有机体的"机"赋予人造物，让它成为有机体的延伸，甚而借助调控而拥有更强的功能、更大的收益之时，"机体"就转换为"机器"。显然，机器的结构和机体的功能之间存在着有机的联系，譬如生物学意义上的新陈代谢、目的性，类似于机器的零部件更新和机器的目的性，等等。此时我们就可以将这样的机器视为人工机体，其价值当然就在于"四两拨千斤"，以较小投入获得较大收益。如此一来，作为有机体的"人"和作为人造物的"机器"之间就有了某种同构性，这样两者间便产生了互为补充、互为融通、互为助益的种种复杂关系。

不过，由于20世纪50年代在苏式工业体系和产品体系基础上形成了技术一贯制，以及80年代从欧美国家和日本引进各类家用电器生产线，被引入机械生产、产品设计中的人机工程学并没有产生特别明显的作用。虽然从政府职能部门到设计行业都已感受到国外前沿设计的魅力，并认识到与国外设计之间存在的差距，工业设计实践也已开始在产品造型设计方面初显成效，但是从整体上看，由于缺少原创设计，至少到 20 世纪末，一些新思想、新方法仍然停留在引入介绍和学理探讨上，并没有转化为自己更大更迫切的设计动力，这就导致目前这样的一个普遍现象：一方面，我们大量的科技成果在"积压"，而另一方面，企业缺乏为市场欢迎的产品而难以生存，不得不"关、停、并、转"。这是一个困扰中国经济顺利发展的问题。2007 年前后，人机工程学才开始在交通工具、办公家具、商住环境、工程机械以及虚拟仿真等实践领域得到越来越多的应用。

另外一种工业设计观念或方法来自计算机辅助设计 CAD，专门应用于工业设计领域的计算机辅助设计则被称为 CAID。这是来自工程机械设计与制造领域的计算机辅助设计手段，以优化整机布局和工业产品外观形态、改善人机界面条件和最佳视觉效果为宗旨的现代可视化设计方法，主要涉及各部件的形状、比例、色彩、人机界面舒适度、动态信息传递与处理等内容，工业产品造型设计与之有着直接而天然的联系。20 世纪 90 年代，随着计算机软、硬件技术的快速发展，计算机辅助设计在工业产品、环境艺术、视觉传达、服装造型、动漫游戏等艺术设计领域发挥出积极效应，计算机图形与多媒体设计软件，如 Photoshop、CorelDraw、AutoCAD、3D Studio MAX，让设计师从鸭嘴笔、针管笔、喷笔等手绘工具中解放出来，转向更加精细、仿真的数字化图纸与效果图，数字成像带来的集成性、交互性、非线性或非循序性以及非纸张输出的形式，极大提升了设计实践领域的设计效率和设计质量。而在工程设计方面，一些辅助工业设计系统被研发出来，从而缩短了设计周期，降低了设计成本。例如 1996 年由西北工业大学开发成功的"典型数控机床计算机辅助工业设计系统"，就是一套面向机床等机电工业产品造型设计开发的集成系统。该项目属于国家"八五"重点科技攻关课题，主要用于新产品的开发设计和老产品的改进设计，能够全面提高产品设计的质量，特别是能全面改善新产品的外观设计质量。研制中采用了一系列新理论和算法，让该系统具备了一系列先进适用的智能化功能。而且该系统操作简便，易于推广应用，因此它的成功问世，在很大程度上更新了工程设计的观念，也大大提高了设计水平。

与此同时，在计算机辅助工业设计方法论与应用研究方面有了新的动向。潘云鹤、孙守迁等计算机图形领域的专家提出了CAID技术的应用及其发展趋势，其中两项分别是：（1）面向并行、协同的工业设计。协同设计是现代设计发展的重要特点，而作为一种方法，"并行设计"的提法并不多见，其意在于工程设计与产品造型设计并驾齐驱，必须同时"研究产品功能、原理、布局、形态等各方面之间的并行设计和协同设计机制"。换句话说，从并行工程（设计）的角度，对并行环境下的设计过程和设计策略以及面向并行工程的造型设计技术进行了深入探讨，分析在协同设计过程中人的作用以及协同各方的角色定位，提出了工程设计与工业设计的协同工作模型。事实上，设计的"服务"本性决定了各个设计必须面向并行与协同。譬如产品造型设计需要与机械工程并行、协同，环境艺术设计需要与建筑工程、园林技术等并行、协同，视觉传达设计需要与印刷制版、包装工程并行、协同，等等。德国乌尔姆设计学院就是这一设计观念最好的历史注脚。（2）绿色设计。因为与设计环保和伦理导向有关，所以绿色设计自提出以来一直都是备受重视的设计方向，它与工程设计界提出的全生命周期工程设计在本质上是一致的。绿色设计的关键技术有面向再生的设计技术、面向装配的设计技术、面向生命周期的评估等。1994年前后，中国设计学界开始将绿色设计作为一个新概念加以探讨。在符合绿色理念的设计指标中，除保证产品性能、质量和成本之外，还包括降低能耗、再生资源保护和生态环境保护等。同时还有人提出了绿色计算机的设计技术的概念，也就是作为一种方法，计算机本身也要节约资源，保护环境。

由此可见，伴随计算机辅助工业设计而生的既有效率和品质的要求，也有健康与绿色环保的要求。这是现代经济和工业化发展到一定阶段的产物，即经济水平与工业化程度越高，健康与环境保护的需求也就越高。有研究者从产品造型设计与生产观念之间的关系看到了这样的存在：经济高度增长时期，产品设计往往偏向豪华、厚重、耀眼夺目等特性，如1958年通用汽车公司生产的喷气式飞机风格的飞鱼形豪华轿车；而在经济稳定增长时期，节约质朴变成了主流，开始出现大量外表不见得华丽，使用价值却不低的产品，如 1982 年的福特 Sierra 轿车，外形优美简洁，没有烦琐的装饰，但使用价值非常高。也就是说，经济稳定时期的产品设计没有多余的装饰，在减少资源消耗的同时，科学技术允许使用高质量的材料来生产工业产品，其中渗透的绿色环保意识显而易见。

当然，20 世纪末 CAID 的主要价值还是辅助、并行与协同，尤其是在产品造型设计方面。当时的某些 CAD 设计系统只能在方案设计阶段及其以后的几个阶段帮助设计者完成设计任务，而在抽象阶段，如概念设计等阶段则显得无能为力，因为这些阶段的工作需要一些设计师的知识和经验来完成，而这些知识和经验比较模糊，不可能用精确的数学模型来描述，因此在计算机辅助工业设计开辟的现代工业设计之路上，设计师一方面面临计算机技术学习的压力，需要适应高科技对工业设计的挑战，另一方面还需要积累经验，借助计算机创造出符合市场消费者生活需要的产品。这项任务在当时还很迫切，因为计算机技术应用还未真正进入日用产品设计领域，设计师唯有参与到从设计到加工生产的全过程，才不会让 CAID 成为中国现代化设计道路上的绊脚石。

第三节　工业设计教育与实践

1977 年 6 月，湖南大学“机械造型及制造工艺美术研究室”成立，并邀请日本工业设计专家来华开办工业设计培训班，重点研究机床造型设计以及相关的人机工程学等内容。不过，真正意义上的中国工业设计教育，应该起步于改革开放后的 20 世纪 80 年代。此时的中国正开始转向市场经济，并开始建构比较全面的物质生产体系。在家电等日用工业消费品领域，由于普遍采用技术引进、合资等方式参与市场竞争，原有产品的单一造型已无法满足市场多样化的需求，因此人们开始意识到工业设计对于增强企业市场竞争力的重要性。在这种情况下，当时的中央工艺美术学院、湖南大学、无锡轻工业学院、同济大学、湖北工学院等国内高校先后开办了工业设计专业（表4-1）。香港回归前后，工业设计专业已在国内多所院校扎根发芽。与此同时，工业设计也被作为教育学科来进行研究。但相比于成熟的建筑设计等专业而言，发展至今的中国工业设计教育仍然处于探索与讨论阶段，作为学科的系统性思考尚待进一步完善。

表 4-1　　20 世纪 80 年代国内部分设置工业设计专业的高校一览表

序号	所在院校类型	院校专业
1	美术院校	中央工艺美术学院工业设计系
2		天津美术学院工业设计系
3		鲁迅美术学院工艺美术系工业设计专业
4		广州美术学院工艺美术系工业设计研究室
5	轻工业院校	无锡轻工业学院工业设计系
6		天津轻工业学院工业艺术工程专业
7		西北轻工业学院工业造型设计专业
8		郑州轻工业学院工业造型设计专业
9	工科院校	湖南大学工业设计系
10		北京理工大学工业设计系
11		上海交通大学工业造型设计专业
12		同济大学工业造型设计专业
13		重庆大学工业造型设计专业
14		吉林工业大学工业造型设计专业
15		哈尔滨科学技术大学工业造型设计专业
16		武汉工业大学工业造型设计专业
17		湖北工学院工业造型设计专业
18		桂林电子工业学院工业造型设计专业
19		沈阳航空学院工业造型设计专业

梳理近40年的发展轨迹可以发现，中国工业设计教育及其实践亦同国外一样，先是在艺术类院校萌生、发展，然后再推延至理工类和综合类院校，逐渐形成今天两大模式的教育体系，分别与产品造型设计和工程结构设计相对应。先是由于不同院校的招生要求不同，这两大模式教育体系中的学生专业素质，其差异也比较明显，

如工科偏理性与规范，艺术类偏感性和表现，再加上各院校培养环境、师资力量以及教学内容制定等不同的影响因素，院校工业设计专业因此各有所长，亦各有所短；后因社会与市场对所需工业设计人才渐趋统一，而且与国外工业设计教育如何接轨也成为各院校共同关心的内容，所以在人才培养的目标和规格上，中国工业设计教育整体上趋于一致，到今天各院校工业设计专业的培养计划呈现出艺术与工科交融的特色。当然，这也是工业设计学科性质必然且现实的导向，优秀的工业产品本身是美和工程技术的恰当融合，同时好产品的主要宗旨在于满足人类的三种需求：（1）实际生活与生理需求；（2）经济与安全保障需求；（3）审美文化需求。因此工业设计教育的职责，一方面要求专业教师注重引导学生进行产品的艺术设计，强调创新和独立思考以及对产品特点有能力进行个性化处理，这是艺术设计教育的核心任务；另一方面又需要引导学生建立起对产品技术观或科学观的理解，也就是有客观、系统、规范化思考的能力与意识。以此为基础的工业产品设计，既有可能实现技术上的创新，又有可能具备较强的规划性、科学性，从而有益于资源节约并更好地为人服务。

上述发展是从引进国外工业设计教育方法和理念开始的，除湖南大学外聘日本专家开办培训班以外，中央工艺美术学院也比较早地引入了与工业产品造型相关的课程。1985年春，德国斯图加特国立造型艺术学院工业设计系克劳斯·雷曼教授曾受邀来华授课，柳冠中先生将这门造型基础课所采用的新的教学方法进行了介绍与总结。笔者现将部分文字摘录如下：

这是基于包豪斯的基础教学之上的，强调结合材料的材性、构性、加工工艺以及协调这些因素，将它们统一在一个具有抽象功能的形态中。这个形态又必须是人的形态化——对人的生理、心理要求的反映。这个训练从设计的本质出发，开发学生的创造能力，既抛开了形式框框的束缚，又锻炼了学生落脚在逻辑推理的理性基础之上。它既是正确设计思想的引导过程，也是材料、构造的认识过程；既是对工业化大生产的认识过程，也是模型制作能力训练的过程。无疑，它解决了工业设计基础教学中的主要矛盾。

训练题目：以不同材料的相同单元，组成一个稳定的正多面体。

训练目的：运用各种材料（线、面、体形式的木、钢、塑料等），根据其材性、构性及构造的形式、节点、工艺，达到一个抽象功能——稳定的需要。它既是一种形态构成和空间想象的训练，又着重于从实际材料出发，因材制宜、因势利导地创造新构成、新形式。"相同单元"是对工业化大生产中标准化的概括。"稳定"是抽象功能的凝聚。答案的繁简、变化与统一也是设计美学探讨的内容。

训练方法：开始强调构思的多样性、系统性，并在过程中不断综合、筛选、归纳。同时变换材质，解决构造、节点、工艺及形式的矛盾，使学生掌握分析问题、解决问题的能力。

可以看出雷曼的教学训练源于包豪斯设计学院对构性与材料的理解，材料性能限定的可能与不可能决定着工艺方法的选择。换言之，材料性能的不同和差异化的表现，对标准化生产的产品设计来说既是机遇，也是挑战。因此，让学生意识到采用何种方法才能更好地应用材料并得到好产品，就显得至关重要。譬如飞机采用圆形窗户而非方形窗户，目的就是有效避免起飞时产生的压力将玻璃挤碎。所以包豪斯设计教育的原则就体现在理性艺术设计先河的开创上，率先明确地将不可靠的感觉转换成有科学或理性精神的设计原则。

值得注意的是雷曼的训练方法，他强调多样与系统，并强调在过程中培养理性解决问题的能力，一方面有利于西方现代设计观念的流入，另一方面则为中国设计教育实践指明前进的方向。事实上，西方工业设计教育自诞生以来，其中的产品设计教育就以社会实践为主要目标，将师傅与学生纳入"校－企"双元制合作培养模式之中。在汲取西方现代设计观念方面，虽然大多数开设工业设计专业的院系还能积极行动，但由于理解不够，缺乏科学的教学方法和科学的教学结构，因此许多院系工业设计专业的教学计划、教学大纲至少还存在是否多样性的问题，就连这个专业应该被置于艺术院校还是工科院校，在当时乃至今天依然是不能很好解决的问题，专业教师的专业背景或许就是证明。而且，在许多院系专业教学中还无法达成"校－企"双元制合作培养的模式，固然其中有很多现实的制约因素，但从整体上看，我们还无法很好地给出如何培养学生分析问题、解决问题能力的答案。1995 年 8 月在昆明召开的国际工业设计研讨会，其大会主题是"市场·设计·企业"；1999 年 11 月，中国第 6 届工业设计学术研讨会在武汉市举行，主题是"21 世纪的工业设计"，围绕知识经济与工业设计、产品设计创新、计算机辅助工业设计和工业设计教育等领域展开广泛的交流和讨论。这些会议都在寻找解决问题的方法。

因为设计是一种创造行为，所以问题的根本在于思维方式。如何养成专业的思维方式？教师应该引导学生带着问题去发现、体验日常生活所需，正如程能林等人所说，要尽最大的努力鼓励学生的好奇心与主动探求事物底蕴的学习态度。为此，我们一直主张设计专业的学生要敢于思考、善于思考、乐于表达、勇于实践。在教学中，我们对学生的点滴创意都应予以鼓励、支持，激发学生勇敢表达自己的意向。知识、技法可以传授，但设计的创意只能启发。与此相应，1995 年香港科技大学马力德在北京国际工业设计研讨会上画了一张图，以此表明他对设计教育的理解。

这张图表明，艺术家、手艺人和设计师的智能结构都是由思维、情感、技能三部分构成的，但三者的构成比例不同。艺术家的特长在于他能将生活中的种种经历化为丰富的情感，并将情感通过形式表达出来。他也需要思维和技能，但这是为帮助他产生情感、表达情感服务的。手艺人的特长在于他掌握了精妙的技能，用技能对材料进行加工改造，创作出工艺品来。他也需要情感和思维，但这是为他能更完美、更合理地施展技能服务的。设计师的特长在于他具备一套成熟的思维方式，能根据

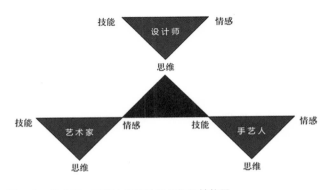

图 4-3　艺术家、手艺人和设计师的智能结构图

社会的特定需求设计合适的产品。他也需要情感，使他的设计对象更为人们所喜爱，他也需要技能，这是为了表达他的设计效果，二者都是为完善思维、表达思维服务的。

1992 年，柳冠中发表了《科学化、系统化、规范化是当前工业设计教育的重大研究课题》一文。文章认为设计是一个复杂的、系统的社会行为，包含不同的子系统，所以设计的目标、设计的定位、设计的实施、设计的组织、设计的方法、设计的表达以及设计的时空范围界定等必然是系统化了的。为完整展示这一系统，笔者将工业设计专业的教学大纲一并列出来：

中央工艺美术学院工业设计专业"八五"规划教学大纲

一、培养目标

根据社会主义物质文明和精神文明建设发展的需要，针对国家人才需求空档和轻工业部对工业设计人才的需求，以及目前大学毕业生的知识结构、综合能力、思维方法上的不足，调整我系现有专业教学大纲和增设社会急需专业，制订相应教学大纲方案，为将这些专业的学科建设和学科管理朝着程序化、制度化、规范化发展，不断提高教学质量，为改革开放，为四个现代化培养更多有社会主义觉悟，有理想、有道德、有高水平设计技能的人才。

二、培养方向

1. 专业范围

①目前专业分类要么过细，偏于狭窄，要么笼统模糊、粗浅、分类的层次过低，不利于知识的综合性、系统性、连贯性。造成目前工业设计学科的人才形成两个极端，要么纯技术型，要么艺术家式；影响我国产品长期不能向消化吸收进化，曲解了技术与设计、需求与设计、市场与设计之间的关系，或者片面强调形式，强调创新，脱离了目前国内市场、生产的实际，仅满足于造型上的变化，引导不了健康消费、引导不了技术进步、引导不了品种更新换代。

②随着改革开放，科技是第一生产力的论断逐渐被社会各层次接受。工业设计

这个大生产时代的产物要能沿着正确的道路发展，还必须不断更新观念，加强基础建设。计算机辅助设计的引入成了目前工业设计学科最迫切需要的一个课题。计算机辅助设计专业的设置也是当务之急，它对设计的现代化、逻辑化、科学化、系统化，使艺术、设计在观念、形式和方式上与科学技术真正结合起来，用现代科技来开发人的创造力和设计构思潜能，能在较短的时间里更快更好地进行艺术创造和设计，从而大大提高效率和设计质量。

③由于改革开放的需要，城市的商业环境、旅游事业、公用事业等建设逐步走向现代化，大到城市规划、管理，企业集团厂区规划、生产环境，小到车站、广场、居民小区、商业中心、街道绿化、城市小品、候车亭、道路及室内的标识、色彩、形象、公共环境等的建设都朝着科学、经济、合理、高效的方向发展，而不仅是美化的问题。这个领域的设计工作不是仅仅某个专门搞装饰的人可以胜任的，而必须首先考虑系统、整体的需要，要进行综合分析、评价（如国家政策、规划、经济投资、环境保护、人流性质、功能分类、安全防护等），制订出设计开发总体计划及一套整体设计方案后，再由各专业人员，包括建筑、环艺、产品、标识、包装等，具体来完成设计方案。这样一个新学科的诞生，就是因为我们设计的对象已被人们认识到是一个客观存在的系统，而不是单个的造型装饰。如果我们的设计观念、方法、手段不相应系统化的话，无法做到多、快、好、省，也不可能在抓好物质文明建设的同时抓好精神文明建设。这是一个科学的整体的美的概念。在国外已建立了这样一个专业，就是由工业设计这个学科派生出来的"公共设计"或"系统设计"。在工业设计系内增设这个专业的意义十分重大，我系计划充分酝酿准备后，先招收研究生，再于"八五"规划末设置此专业。

2. 人才规格

工业设计学科相关专业所需要的高等人才，除具备实际设计能力外，最主要的是具备认识问题、发现问题、判断问题、解决问题的能力，综合评价的能力，组织、计划的能力。这意味着人才要具有系统理论与组织实践相结合的能力，既要有理想，也要有方法和纪律。这里强调的理论与思维是相对实践而言的，即由表及里、由此及彼的创造性的实践。

三、学制

①本科生为四年制。

其中前两年在基础部学习，三、四年级通过分流考试后进入专业系学习。但第二学年第二学期的课程由专业系安排并实施。

②大专生为两年制。

③大专起点师资本科为两年制。

四、课程设置

（一）为保证培养合格人才，使之成为思维型、能力型和潜力型人才，将所有课程分为：

1. 专业基础课程

共 45 周，占 43%，包括：

①表达基础——结构素描、机械制图、建筑制图、设计表达（一）、设计表达（二）、设计表达（三）、设计表达（四）、CAD 入门、产品摄影，共 22 周。

②技术基础——设计工程基础、法规与标准、价值分析应用、人机工程学应用、市场学讲座，共 11 周。

③造型基础——造型基础、语义学讲座与设计评价，共 7 周。

④理论基础——设计导论、工业设计史、设计文化讲座、设计心理学，共 5 周。

2. 设计方法课程

共 17 周，占 17%，包括：设计思维导引、社会实践（一）、社会实践（二）、调查方法、设计思维、设计程序与方法、视觉传达。

3. 设计课程

共 41 周，占 40%，包括：产品设计（一）、产品设计（二）、产品设计（三）、系统设计、毕业设计。

（二）为保证教学的循序渐进及整体系统性，在安排课程进度时，将五个学期划分为四个阶段。

①第四学期主要解决专业思想及观念的更新，并将表达基础作为训练的重点。

②第五学期主要学会设计思维的方法，引导学生全面、深入地观察生活，抓住本质去认识客观事物。同时把设计工程基础作为训练重点。

③第六学期与第七学期主要围绕各种类型的设计课题，训练学生的适应能力，使他们能深入、迅速地解决问题。通过这一年的训练，学生已具备参与社会实践的专业设计能力。

④第八学期是毕业设计与毕业论文阶段，学生已能独立走入生活、走入社会、走入企业，在社会生产实践中全面考验所学知识，进一步提高学生的协作精神和协调能力，独立地进行设计实践。

五、教学方案

（见每个学期的教学任务书）

第四节　中国工业设计产业化

所谓产业，源起于人类生产实践，泛指各种制造或提供物质产品、流通手段、劳动服务等的企业和组织，是社会分工的结果。英语单词"industrialization"与中文"产业化""工业化"同义，也就是说，在西方主流语言媒介中，产业化和工业化表达的是同一个含义。但日本东京大学社会学教授富永健一认为，产业化是指从用人的体力进行劳动转变为用机械和动力进行劳动的全过程，它包含的许多要素，诸如动力源、分工协作与系统或科层制、第三产业、生活方式、意识等，与工业化有着许多区别，核心区别就在于，工业化仅仅指工业部门即制造商品的部门所发生的变革过程，而产业化的范围要广一些，既包括工业部门，也包括农业和商业、服务业等。因此产业化是在经济领域中实现人类对财富和服务的创造能力迅速提高的最佳社会进化方式。按照这种理解，作为产业链中的重要角色，（工业）设计就可以顺理成章地成为现代经济社会中产业化的重要一员。同时我们也能更好地认识到，工业设计其实是将工业化的思想及理解投射到设计对象上的结果，也就是工业设计产业化是社会整体发展的有机结果，工业部门生产的产品绝大多数流向市场而成为商品，成为国民生活自然而然的组成部分，缩小了城乡消费差距，提升了国民整体的生活水平。如果再将工业设计生产引入社会文化体系的生产过程，那么工业设计同时也生产出了社会文化价值。只有在这个意义上，工业设计才能称为产业，即工业设计产业指的是参与企业经济、文化等活动的集合，其性质是"价值创造型产业"，而非"资源创造型产业"，换言之，工业设计产业是以"价值生产"为基础的产业体系。所以从本质上看，工业设计的创新意识和综合性服务功能，不仅让它具备确定产品造型与质量并以此为基础的传播营销能力，更重要的是能够有效改善产业化过程中功能与服务的相互联系，从而让人与工业产品、社会及经济环境达到相互统一与协调的高度。以下我们将主要借助相关文献，对中国工业设计产业化的要素，如市场、知识产权、创新、人，进行简要叙述，然后再结合柳冠中的一篇演讲稿对中国工业设计发展的基本阶段予以阐释。

首先，中国工业设计的产业化离不开市场。在20世纪最后20年里，中国社会与经济处于大转型与高速发展阶段，受此影响的中国工业设计，其产业化并非一蹴而就，而是呈现出加速度推进的过程。从这个过程来看，中国工业设计的产业化必然需要从市场起步，因为只有市场需求才是产品工业化或产业化的动力。再加上企业也开始认识到工业设计有助于增强产品的市场竞争力，特别是在传播和营销中，系统掌握市场营销、策划、定位、产品开发战略、消费行为与趋势的工业设计师及其团队，才有可能赢得市场竞争的主动权。20世纪90年代末，海尔企业文化中心曾撰文总结："设计创新就是创造新的市场……比如'丽达'洗衣机开发中，其主任设计师不仅负责研制适合中国消费特征的第一代滚筒洗衣机，还根据不同消费层次的需求，成功开发出大功率普通型、双功率型、小功率型三大系列18种产品，极大地满足了市场需求。'丽达'系列产品的销售额已超过30亿元。"由此可见，海尔的洗衣机之所以能够产业化并达到一定规模，其中一个很重要的原因就是能够对市场需求进行准确细分，然后产品设计才能形成体系。但这只是生产与设计环节的体系，处在由技术转化而实现的产品物化阶段，还很少研究使用产品的人的生理、心理对产品的需求，社会对产品的需求及自然环境对产品的需求，哪怕是人的身高对产品设计的影响这些基本的问题。改革开放以后，中国的市场运行机制趋于灵活开放，产业化越来越成为人们关注、谈论的话题。随之而来的是工业设计发展所需的基础条件，即产业化推进和市场化的需求以及市场竞争机制和商品经济。而与工业设计紧密关联的人性化、生态化设计，则是进入 21 世纪以后的发展要求了。

其次，在实现产业化的过程中，中国工业产品设计师逐步意识到知识产权的重要性，否则产业化进程就会受到阻碍或破坏。知识产权是基于人的智慧性创造活动而产生的权利，包括工业产权和著作权（版权）两部分，其中工业产权包括工业产品外观设计。在此之前，许多企业对工业产品设计的认知还存在比较大的误区，他们对一项产品的开发只是在原来的基础上从技艺上改进一番，并不进行市场分析，或者就是单纯地引进国外先进技术，不加以创新，直到他们遭遇到市场阻碍与知识产权等问题。譬如 1994 年，美的公司从日本三洋公司引进全套电饭煲生产线，拟生产高端微电脑电饭煲。然而，因日本微电脑控制的电饭煲功能多且操作界面复杂，并不符合中国人的生活习惯，所以产品推出后不但没有得到市场的热烈响应，反而在同类产品的市场竞争中节节败退。美的公司意识到这一问题后，重新组织人员自行研发，在人机界面方面反复琢磨，最终设计出符合中国多数消费者生活习惯的电饭煲。由于操作界面简洁、功能划分合理，该款电饭煲畅销国内外市场。更重要的是，为了立足于世界市场，便于管理并免受侵权的困扰，1995 年美的集团筹建了企业内部的工业设计部门"美的工业设计中心"，从此走向属于自己的工业设计产业化之路。知识产权法是工业产品设计产业化发展的必要保障。对于产品生产企业来说，建立具有企业自主知识产权的技术创新体系，虽然复杂且困难，需要建立与现代企业制度的组织创新、管理创新和市场创新有机结合的技术创新运行机制，但这一体系在优化产业结构、缓解资源紧张等方面的意义和价值却深远而厚重。

再次，创新成为工业设计产业化过程中的重头戏，但前提是产业化的要素需要相对完整。20 世纪 90 年代，国内外许多政府主管机构和企业管理者都很重视工业设计，希望它在有序的市场框架下推陈出新。工程设计和工业设计构成了一个完整的过程，只有被纳入能实现有效生产的产业化进程中的工业设计，才可能运用分工协作的系统工作方式和方法对其进行资源整合、管理，最终才有机会产生价值创新。这里所说的价值创新，既包含工业产品本身蕴含的技术竞争力，也特别包括为消费者创造更多价值，以此来吸引消费者，赢得企业成功。在我们看来，这才是一种完整意义上的产业观。著名的美国管理学家彼得·德鲁克从企业管理的角度提出，创新出现在企业的各个阶段，可能是设计上的创新，或产品、营销技术上的创新；可能是价格或顾客服务上的创新，企业组织或管理方式上的创新；也可能是能让生意人承担新风险的新保险方案。可见，以工业产品设计和服务为核心的创新，首要任务就是从整体上优化产业要素与结构，然后再将自己置于工业设计行业的前沿阵地，以理性的思维方式和行为逻辑为人设计。

最后，工业设计产业化的终端是"人"。很多时候，作为消费者的人，和作为社会分工而以工业设计师身份存在的人，在思想观念、行为方式、生活目标等方面有着天壤之别。回顾国内外工业设计产业化进程中的设计师，只要称职，他们关注的重点就会是使用产品的人以及人在不同时间、环境、心情的情况下对产品的不同需求。在此基础上，设计师去选择、组织已有的原理、材料、技术、工艺、设备、造型、营销方式以至提出新的技术参数、标准、技术开发和市场开拓的课题。在这个过程中，不同历史阶段的工业设计师会根据具体的需求、技术、材料和设备等条件，对产品的功能、造型进行定位，从而让最终的产品设计符合消费者的需求或者当时被普遍接受的市场消费观念。但现实中的市场需求很复杂，特别是从 20 世纪 90 年代中期开始，国家政策与系列改革让传统的制造业向技术与资本密集型企业生产模式发展，从粗放经营到集约经营，从而使中国的市场需求结构日益多元化。更为直接的是，从产品委托方到消费者，对产品的要求从质量、价格扩展到设计审美与品牌象征，尤其是逐渐形成购买力的中产阶级，越来越重视产品的设计品位。在这种情况下，产品设计师及其机构，必然要以不同人群的消费需求为导向，策略性地持续推出新款造型的系列产品，并通过设计管理提升产品品质，以满足不同消费者的需求，同时避免雷同或同质化产品的设计与制造。这或许就是中国工业产品设计从"中国制造"向"中国设计"升级的内在逻辑，从海尔集团、联想集团等有代表性的企业所开发的系列产品上，我们也能读出其中的逻辑意味。

为进一步理顺上述内容的逻辑思路，我们超出本章所限定的时间范畴，目的是结合柳冠中先生提出的"工业设计产业化的四个基本阶段"，对中国工业设计产业化进行较为深入的阐释。柳先生没有设定每一阶段的具体时间，我们的理解是，这些阶段并不能完全以时间或年代为标准截然分开，与此相应，我们也不能按生产、规模、市场和战略等概念将它们分成若干等级；相反，从设计评价、优化设计创意的机制，来实现管理方式的创新，使企业具有优化市场、定义新市场的能力的角度看，这四个阶段只是产业化的程度的区别，而非产业化的时间或历史阶段的问题。

第一个阶段是生产化阶段，是以促进工业设计职业化为中心的阶段。在生产化阶段中，职业需求主导工业设计产业化，需要大量的职业化的设计人才和设计机构。按照职业化的概念，二十世纪五六十年代的工程设计师和八九十年代开始出现的工业设计师都可以视为职业化的人才。设计生产的价值在于培育、积累，其形态可以是物质化的工业产品，也可以是非物质化的文化含义。前者可体现为直观的经济资本，是产品物质积累的具象形式，与符号的所指有一定的关联，即设计机构的经济资本表现为对产品设计版权的占有和支配，这与马克思主义阶级理论中资本的占有和支配是同义的。后者可体现为象征性的文化资本，是产品设计的非物质要素积累的抽象形式，与符号的所指有相通之处，可从"人"与文化、社会与经济的相互关系中看出其价值：文化方面，反映并规范人的行为价值；社会方面，作用于人之活动目的和手段的价值；经济方面，效用衡量下人的职业精神和创意的价值。

第二个阶段是规模化阶段，是以扩大工业设计行业规模为核心的阶段。在规模化阶段中，企业发展需求主导工业设计产业发展。柳冠中将2014年前后的中国工业设计视为规模化阶段。"规模"一词的直观意义在于大小、程度、体量以及开发、应用资源的策略、方式等。就现阶段来看，作为人力资源的设计师，并没有完全形成规模化的合力来推进中国工业设计的整体进步，而只是以"游击战"的方式单打独斗；假设中国已有健全的设计机制，那么我们可能以"运动战""阵地战"的方式推进设计人才的培养。这样的人才，首先是具备合作、协同和集成创新能力的设计人才，而且在培养人才的时候要注意以企业为"战场"。这样一来，人才就有规模了。所以中国（工业）设计应该着重建构设计机制，这是一个重点的重点，同时要改变中国工业设计只是引进、加工、制造的局面，要让政府和企业家同时重视设计，在培养人才的同时，再抓企业的设计机制，那么设计人才就不仅仅是造型师，而是可以从根本上进行开发的人才。有了一定规模的真正意义的设计人才，中国工业设计的规模指日可待。

第三个阶段是市场化阶段，是以完善工业设计商业模式市场为中心的阶段。柳冠中以应放天为例，认为他所做的很多优秀的案例，不仅仅是一个产品的开发，不仅仅是把一些信息融入产品，而是已经开发了商业模式，使设计能够发挥更大的作用。如前所述，工业设计的产业化及其进程，并不是单一的线性发展过程，而是以市场需求为导向，在过程中以整合、集约的方式向前推进。虽然理解并把握社会与市场的发展需求是一个难题，障碍之一可能是我们关注的主要是产品及其质量本身，但"未来的市场需求"决定着不一样的生产方式、设计成本、制造成本，所以可持续发展是这一阶段的主要特征。

第四个阶段是战略化阶段，是以形成工业设计国家战略为中心的阶段。倘若中国工业设计的产业化已达到这一阶段，那我们迎接的工业设计将是一个高端的服务业。不过，战略化的工业设计还只是一幅蓝图，国家虽然已经绘制了这幅战略蓝图，并且对工业设计提出了更高的要求，国家的发展需求的确也主导着工业设计产业的发展，但是如何规划工业设计产业在国家战略布局中的角色，却不是一件简单的事情，这需要有长远的计划，一步一步推进。中国的工业设计产业还只是在追求规模、效益、销售，因此我们就需要设计转型，从产品美化、外观专利转向功能集成，从企业生产性资源管理转向在管理当中嵌入设计评价、优化设计创意的机制，来实现管理方式的创新，使企业具有优化市场、定义新市场的能力。总而言之，中国工业设计的战略化阶段，其主要的关键词应该是"创新机制"。

第五章 21 世纪的工业设计理论拓展

21 世纪的互联网改变了中国人的生活方式，催生出一个全新而系统化的虚拟网络社会结构，淘宝、微商、微信与支付宝结算、手机 APP 客户端应用等极大地方便了人们的生活；迅速发展的经济和日趋多元的工业化生产系统，让家用小轿车、各种智能产品进入寻常百姓家，远远超出 20 世纪的人们所能想象的范围。在生产线上批量生产并进入流通领域的工业产品，不再是单纯的商业设计，而是融入多种软、硬文化与技术要素的结果，也是企业乃至国家文化的品牌象征。比如大家熟知的海尔电器、华为手机，就具备较强的国家特性，已成为世界工业生产的一部分，属于中外技术融合、业务交叉、产业升级后新思维作用下的产物。手机生产与设计恰好历经了从制造到设计思维的变迁过程。工业产品与消费者被重新定义，设计的角色得到扩展，它不仅成为国家和公司传达明确身份认同的媒介，而且，也许更重要的是，它成为促进各种新身份认同形成的基础力量，而这些新身份认同是构建在各种不同层次上的，无论是国家的、全球的，还是由一系列文化范畴所界定的，如性别、人种、种族、年龄和宗教。与此相应，原有基于计划经济体制和工业生产平台上的问题，经过新技术与市场的聚合、分解之后，又成为新时代的新问题，传统的单一思维方式不能再满足新时代的需求，它需要从整个社会的系统性生产出发，重新设定新的设计思维方式，才能与网络经济时代的消费、审美需求相匹配。还必须看到的是，自中国进入工业化社会以来，环境污染、食品安全、交通事故等一系列问题引发了对工业设计的种种思考，因此 21 世纪伊始，与之相关的设计思维就受到国家、企业和研究者的注意，交互设计、可持续设计、工业 4.0 以及事理学、本土化等设计理念对中国的工业设计都带来了不同程度的影响。

第一节　当代多元化的工业设计思维

21世纪以来，中国社会经济、科学与信息技术迅猛发展，中西方文化交流日益频繁，当代中国的工业设计也因此进入前所未有的多元化发展阶段，设计实践及其理论不再是单线发展，而是与其他专业学科或融合或跨界的整合创新设计，具有很强的融通性与开放性。特别是在认识到工业设计必须顺应我国在建设创新型国家过程中的多层次创新需求之后，我国"十二五"规划纲要明确提出工业设计从外观设计向高端综合设计服务转变的要求，这是对设计创新能力发展所提出的新要求。因此，工业设计师所从事的设计不仅仅是设计实践，还是一项研究如何更好地服务于人的思维活动，需要从不同角度、不同学科进行综合思考和研究，涉及哲学、审美、心理、伦理以及媒体技术、市场行为等领域。这是自德国乌尔姆设计学院以来工业设计内涵能够达到的历史高点，这些概念与中国改革开放、文化思潮和科技进步相结合，同时将本土文化与欧美等外来文化共生交融，从而让21世纪的中国工业设计体现出兼收并蓄、博采众长的倾向。从观念上看，今天的中国工业设计更愿意提倡绿色、和谐、人性与数字、交互设计，相伴而行的还有市场规律、伦理意识、精神需求、消费引导、时尚创造等，这就让工业设计理论变得更加立体和多元。从以下梳理中我们可窥见一斑。

第一，工业设计不再是单一的产品外观造型和形式美的问题，而是从单一思维向功能、技术、工程等多元化思维转变。21世纪伊始，黄旗明、潘云鹤等研究者就提出在产品设计中引入根里奇·阿奇舒勒等人的ARIZ（发明问题解决算法）技术方法论，以便在此基础上建构产品设计中的技术创新思维过程模型，为产品设计中的技术创新提供更多的思维方向。ARIZ 技术方法论是将系统存在的问题最小化，原则是尽可能不改变或少改变系统而实现必要的功能，也就是抓住核心问题，让它起到"四两拨千斤"的效用。作者结合德国产品设计方法学著作《工程设计学》中给出的单手把热合器实例，将最小问题设定为"只用一个手把独立调节水温和水量"。接着以人感知到的正常水温为标准，定义系统的矛盾对立，并将矛盾对立简化为问题模型，然后将对立领域明确化，并分析系统中可以使用的资源。我们可以将这里的"系统"理解为一件产品，或者此例中的热水器。在水温恒定的情况下，热水与冷水的体积流量比必须保持常数，也就是维持此消彼长的关系。在解决热、冷水比例问题的同时，也要把控好热、冷水（资源）的来源以及水的物理特性，这样才能达到"定义系统的理想解"。当然，产品材质千差万别，如何有效定义系统内的物理矛盾以及消除物理矛盾，其实需要最大限度地利用系统内的资源及物理、化学、几何学效果的应用性知识库。如果未能达到恒定水温的目的，也就是问题没有得到有效解决，那么就要返回到最初的核心问题上，对它进行再定义。

详述这一案例的目的，是想证明工业设计中的工程技术思维与感性的外观设计思维之间的差别。同样都属于思维范畴，人们对客观事物的属性与规律以及相应的概括和反应，本质上都是长期经验积累与体验的结果，但因此而形成的解决问题的方式方法却是多样化的。当我们受感觉、知觉、记忆、思想、情绪等系列心理活动影响时，还需要借助物理、化学、几何、工学等实验数据来详细解决最小问题，这是由工业设计的对象决定的，而完成一个工业设计项目，离不开工程思维。由于工程本身具有实体建构性，在整个过程或状态中，它必须包括策划、设计和施工、检测、验收等环节，而这些环节都需要人来进行理性处理，因此以实现人的价值为中心的各专业层次的筹划性实体思维就是最具现实性的工程思维。显然，这一思维并非简单的机械组合，人作为主体参与新关系建构的同时，其主体思考会随实际情况的产生而发生变化，并同其他个体的思考结合而成为更新的关系和更新的思考，这样的复合过程往往具有重要的创造性价值。这也是设计常常强调创意的原因。更新的观念和更新的建构，让人的各种思维方式互为影响，从而呈现出动态的、多元的设计实体与风格。尤其是在今天的数字信息化时代，以单一的思维模式难以应对复杂的设计现象，综合的思维才能满足设计对思维的要求。因此，在与艺术设计相关联的设计基础训练中，我们经常需要从构成形式上突出发散、逆向、联想、线性与跳跃等诸多呈现方式的重要性，其目的其实都是在努力突破思维定式，以打破单一的思维格局。

第二，从工业时代人与自然的分裂到后工业时代的天人对话，工业设计已成为非物质社会中的重要一环，其立足点合乎人性，即强调以人为事物的科学服务于人。滕守尧在《文化的边缘》中，用两节的篇幅分别阐述了人与自然分裂、对抗，重新对话、倾听的深层次原因。所谓分裂，本质上是功利化的人成为丧失了主体自立性的人，成了社会（第二自然）的俘虏，或是全面服从于发号施令者，或是完全遵从本能的感觉，并且处在一个已经被技术治理的文明社会所异化了或野蛮化了的自然之中。所谓对话，首先是人与外部自然的对话，与外部自然对话的人，需要放弃"主人公"观念，强化对自己居住的地球的责任感；其次是人与内部自然的对话，其目的在于找回失去的自己。这种与内部自然对话的状态其实是在倾听自我，也就是反思，而反思的前提是人需要脱离单向的理性状态，复归理性与感性的融合状态。从滕守尧的分析中，我们大致可以了解到，18 至 20 世纪技术革命和全球一体化进程引发的人类观念动荡的时代，其实是颠覆人类传统思维与逻辑定式的变革时代，此时工业化的设计与社会经济、科学技术密切相关，处于历史发展与过渡阶段，多少带有破坏再革新的性质。

进入 21 世纪之后，工业产品设计整体上走向精细化，它正在从物质社会向非物质社会转变，20 世纪特别重视的设计功能与形式，随非物质化而发生质的变化。一般来说，产品的功能与材料不可分离，传统意义上的器物功能必然体现在材料的物理属性和外在形式中。发展到非物质化的今天，那些技术含量较高的智能型产品，其功能与形式已经分离，换句话说，功能可能只保留概念上的功能而转化为一种超功能。例如今天用于网络支付的电子钱包，其物质形式已经荡然无存，人们看到的只有"钱包"字样或图标符号，非物质化和超功能正让产品设计逐渐脱离物质层面，转而向更加纯粹的形式感以及由此而生的非物质化产品接近。当工业产品设计的重点不再是有形的物质产品时，它就越来越倾向于借助概念和关系让产品转化为一种人际交往的产物，这就是哈贝马斯所说的"目的合理的行为"。研究者李平基于哈贝马斯的交往理论总结出《工业设计：一种交往文化》，这是 21 世纪伊始人们对工业设计非物质化阐释较有代表性的文章。李平认为，工业设计实践中不同符号系统的对话、交往，并非不同因素的简单相加，而是不同因素互相渗透、融合，达到质的升华，这是由设计的符号构造性决定的。在设计"有目的的合目的性"（实用功能）实现的过程中，总是同时实现了"无目的的合目的性"（精神功能）。因此，设计总是一个价值不断增值、意义不断拓展的过程。符号是人与人交往的媒介，智能手机或许是颠覆当下人类生活与交往方式的利器，它借助各类应用程序，超越自身的通话功能而集多种应用于一体，从而体现出更加有机和智能化的特性。事实上，每一个应用程序都是一个产品。这类产品的功能可能是确定的，但具体应用或使用方法以及界面设计可以千差万别。由此带来的多样化选择，让"定制""个性"成为人们基于个人独特感受和所在阶层或小团体的价值观。很明显，个性是千差万别的，世界是复杂多样的，与之相对应，产品也必须是无限多样的。因此，今天的工业设计趋向于创造能满足多样化需求的产品，可以是实体化的产品，如系列化的组合家具，也可以是虚拟化的产品，如上述应用程序。总之，21 世纪的技术条件已经允许设计师为消费者提供个性化的服务，合乎人性的产品设计因此有了新的时代内涵。

第三，如果合乎人性的工业设计是对用户心理与行为的认知，那么我们也可以将其理解为个性化的交互设计。交互设计是进入 21 世纪以来颇为热门的话题和研究对象，之所以如此，在很大程度上是因为在工业产品设计开发与应用领域，交互设计改变了设计中以物为对象的传统，直接把人类的行为作为设计对象。如第四章所述，人机工程学虽然将人置于人－机－环境系统中，但人的行为并不能被设计，只有到了可以看到人工智能曙光的今天，人的行为才可以被当作对象进行设计。因为交互的能动力只能来自人的行为，所以在交互行为过程中，器物（包括软硬件）只是实现行为的媒介、工具或手段。这也是马歇尔·麦克卢汉"媒介即人的延伸"的意义所在。现在的问题是，交互设计如何才能更好地满足用户的心理与行为；或者是，如何理解用户的行为与特征，并运用在信息服务系统的设计中。这是中国台湾大学的顾立平先生在他的综述研究中提出来的问题。通过文献梳理，他发现，在人机交互研究中存在两个现象和三方面的转变：（1）相关知识的增长，以及逐渐关注人类而非计算机的角色；（2）从多数人可接受的功能取向转变为关注少数人的最佳经验，从实现需求的实践性转变为系统种类和内容的多样性，以及从规格化的整体性转变为潜在的零散性。从现象到转变，其中的关键因素是人及其需求重心的转移，而推动这一转移的是来自知识与体验（最佳经验）的力量，它们最终形成一种行为逻辑，也就是强调通过人的行为来创造或发现机会并最终达成目标。辛向阳对此进行了表述，他的观点更为直观，交互设计师更多地关注经过设计的、合理的用户体验，而不是简单的产品物理属性。人、动作、工具或媒介、目的和场景构成交互设计的五要素。传统意义上的设计，强调物的自身属性合理配置，是"物理逻辑"。而合理组织行为，可称为行为逻辑。交互设计过程中的决策逻辑主要采用行为逻辑。从物理逻辑到行为逻辑的过程，实际上就是从实体产品设计到虚拟产品（行为）设计的过程，前者是"物的设计"，如摩托罗拉 V3 手机黑色金属翻盖式造型，后者是"行为的设计"，如 iPhone 的应用界面设计，显然更符合"通过产品的媒介作用来创造和支持人的行为"的定义。

辛向阳的文章认为，很多人都把注意力放在用户界面，也就是媒介的影响上，而忽略了行为本身。交互的核心在于人的行为反应，当这一过程作为设计对象的时候，其属性不再是传统工业设计通常关注的诸如功能、结构、材料、色彩等物理属性，而是交互过程中的动作与相应的反馈，如此才能形成一个回合的交互行为。这里的动作一般是指有意识的行为，当然也就有了执行动作的人、行为的目的、实现动作的手段或工具（可以是软硬件，也可能是身体的某个部位，甚至可能是外在的环境媒介）、行为发生的场景。人的动作不可能孤立发生，也就是以之为设计对象时，必须将动作或行为五要素（人、动作、工具或媒介、目的、场景）进行综合考虑，这与通过改变材料、色彩、结构或功能可以获得一个新的工业产品全然不同。由此可见，一个新的交互设计概念往往需要从重新确定参与者、定位行为动机、规划行为过程、谋求新的手段、营造新的场景和环境等角度来入手。

第四，可持续设计是 21 世纪工业设计理论拓展的另一主要领域。作为一种明确的概念，"可持续发展"出现在 1987 年世界环境与发展委员会的报告《我们共同的未来》中，其目标是既能满足我们现今的需求，又能满足子孙后代的需求。在这一发展模式中的设计延续了绿色设计的理念，按照有些研究者的说法，基于产品服务的可持续设计是绿色设计的发展新阶段，它符合可持续发展原则，能有效克服绿色设计的技术局限性，代表了绿色设计的发展方向。也就是说，可持续设计是绿色设计发展的高级阶段，是一种能够在过程中有效克服绿色设计不足的设计原则或理念。重要的是，研究者将可持续发展定义为是一场用设计智能重新思考现代商业社会的生活方式，通过修正甚至颠覆我们的消费观念，寻求以最低程度资源消耗与循环利用来创造商品与服务的设计变革。设计智能作为一种手段被应用于现代商业社会，有助于缓解人与自然的紧张关系，而且这一阶段的设计已不再单纯依赖于技术改进提高产品的环境绩效来达到保护地球生态环境的目的，它更建立在一种切切实实的具有现实可操作性的商业机制上。本质上，可持续设计仍然是一种商业行为，只不过这种商业行为建构的工业产品设计与生产需要以环保、资源再循环等为宗旨，评判产品设计是否美观，除造型外，还得考虑其是否环保，其中隐含设计师的道德要求，这使他们能够在更大范围解决人类的问题并为社会谋福利，因此可称之为基于产品服务的可持续设计。

作为绿色设计理念的延续，可持续设计仍然以 3R（Reduce、Reuse、Recycling）为原则，同时以满足消费者需求为己任，但基于产品服务的可持续设计应该是一种更加系统化的服务模式，其价值体现在经济价值、社会价值和生态价值相互联动的动态平衡发展中。显然这是可持续设计对人的生活方式、经济、文化等做出的多元化贡献，如"以人为本""绿色设计""生态保护""健康""亲情"等价值观念，其实都是可持续设计的内涵所在。换言之，可持续设计的本质就是把上述这些价值观念转变为有益于人的产品或行为，以便体现出关乎人性的设计精神。

这也是当代设计的重要宗旨。既然可持续设计是当代社会的重要设计理念，那么就需要设计师不只是关心人的物质需求，更要研究人的心理需求和生态文明的发展需求。正如周至禹教授所说，在现代设计中，设计不仅给社会提供产品，而且为人们提供一种生活方式。消费创意本身已经成为一种生活时尚，生活价值观的多样化也使得设计创意的出发点多样起来，这些都会在设计师的思维里得到体现。设计师的思维与健康、绿色生活方式相辅相成，他们的设计理应是一项目标明确的活动，具有驱动社会、经济与人文健康、有序、持续发展的功能，还具备改变人的生活方式、消费观念的文化功能。与此同时，输入到可持续设计中的新技术、新材料和新媒介，让设计的物质与非物质功能不断地提升，促使人们的生活观念、生活方式及审美需求向着健康的一面发展。特别是在物质丰裕的今天，可持续设计中的人性化设计与绿色设计思想正在成为 21 世纪设计的核心主题。

第五，梳理工业设计管理。从我们资料检索的情况看，较早提出工业设计管理的是原无锡轻工大学设计学院的张福昌和沈大为，他们在《家具》杂志上开辟《工业设计知识讲座》专栏，其中第五讲的主题就是"工业设计的设计管理"。在他们看来，设计管理的内容包括设计战略、设计计划、设计教育、设计实习、与其他部门的协调，并认为设计管理的作用不能仅仅停留在企业经营的一个方面，而且还有必要不断调整各种要素。进入 21 世纪后，有关工业设计管理的研究开始丰富起来，涉及管理质量、管理合作或协作、管理模式、知识管理、设计管理、信息管理、项目管理、管理体系等。其中有关设计知识管理的研究比较多。有研究者认为，设计知识是工业设计公司的主要产出。社会在进入知识经济时代之后，设计知识的管理水平成为工业设计公司的核心竞争力之一。在后现代思潮之后的知识多元化时代，设计被理解为一项系统工程，而在设计功能的内涵中，也已经增加了技术、人机工程学、美学、语义学、符号学等不同知识领域的内容，设计的定义由此更加丰富。在产品功能设计所蕴含的知识体系不再单一的情况下，一般人很难做到全面掌握这些知识，因此就要求在公司或机构中建构一个人文与技术兼备的知识系统，让组织中的知识（信息）通过获取、创造、分享、整合、记录、存取、更新等过程，不断创新并回馈到知识系统中，使个人与组织的知识持续增长与创新。这是知识管理的内涵或定义，其关键要素是系统、创造、整合、更新、回馈和创新，此概念中体现的这一动态知识生成与更新模式，有助于我们认识到工业设计的个体和机构在知识经济时代随时更新技术和观念的重要性。

综合前面的设计管理可以看出，设计管理重在设计项目和设计人员管理，它重点需要调整的是物质、人和公司经营环境等要素；而知识管理可以超越企业、公司和组织的范畴，在整个工业设计链、设计成本－质量、数据库建设与共享、设计等方面发挥作用。正如《中国工业设计发展报告（2014）》所说，设计管理主要用于描述商业环境下对设计及其过程从宏观到微观进行规划和实施的一系列管理实践。早期的设计管理仅限于设计项目的管理，但随着时间的推移，设计管理的范围不断扩大到包括企业战略等更广泛的层面。该报告还简要概述了设计管理的特点与作用：（1）符合当代创新活动所具有的集成性和整合性的特点；（2）侧重对产品与品牌的视觉品质管理及商业价值实现的支持；（3）提升企业的设计意识、改善企业设计文化。当然，从整体上看，工业设计师或机构都是创造知识和企业文化的，无论是设计自身管理还是设计的知识体系管理，都有利于设计机构及其行业环境的成长和培育。因此工业设计管理仍然是未来设计理论研究关注的主要内容。

概而言之，21世纪以来的工业设计思维（方法），主要体现在以上内容里面。工业设计的内、外部环境，包括技术、材料、审美、市场需求、消费观念和服务方式的更新，从整体上界定了工业设计理论的研究范畴。具体到内容，从人机工程学、认知心理学到体验经济学，工业设计理论研究的角度走向多元化，研究主题、市场目标、研究方法等更趋多元。需要说明的是，本节所选理论研究点并非21世纪以来工业设计思维研究的全部，21世纪以来有关工业设计理论的拓展已经很丰富了，特别是近年来国内外设计交流、研讨机会比较多，涉的主题也很广泛，我们只是针对部分已有的而且被关注较多的内容进行了简要梳理，一些我们认为需要重点阐述的工业设计观念与内容，如事理学、协同服务、体验设计等理论点，接下来将予以展开讨论。

第二节　设计事理学的内涵及其指向

21 世纪以来，在工业设计理论研究领域影响较大的莫过于柳冠中教授提出来的"事理学"。中国知网 2018 年 3 月的数据显示，自 2006 年柳冠中所著《事理学论纲》出版以来，直接以"事理学"为标题进行理论探讨的研究成果已有 53 篇。沈榆在《中国现代设计观念史》中也辟出专门的章节对这一学说进行研讨，其影响力可见一斑。在已有的这些丰硕成果面前，笔者不敢班门弄斧，只是以柳冠中发表于 2013 年的《事理学论纲——概述》这篇文章为基础，围绕"事理"做一点相关阐述。笔者认为这篇文章为我们提供了理解"事理学"内涵的一把钥匙，同时也为它的应用做了相应的理论指向。

"事理学"原本是系统工程领域的基础理论，如果将其理解为组织系统的理论模式，这个模式也就自然地可以用来解决一般的系统控制的问题。甘华鸣曾于 1995 年出版《事理学纲要·第一卷》。更早的时候，西方著名学者赫伯特·A. 西蒙的代表作《关于人为事物的科学》（后来翻译为《人工科学》），阐明了以人为核心建构"人为事物的科学"的意义。柳冠中将其引入工业设计领域，试图从设计实践的方法论角度来形成一种思维模式和操作程序，即以"事"和"物"为理论基础，探讨二者之间的方法论关系。他认为，"事"特指在某一特定时空下，人与人或物之间发生的行为互动或信息交换，在此过程中，人的行为会生成一定的意义。这与程序应用脚本语言 JavaScript 里的"事件"有类似之处，行为意义的呈现载体其实就是"物"抑或结果。譬如，鼠标移动（事、行为）引发的按钮翻转效果（物、结果）表明了关注对象正在发生的变化。

柳冠中指出，"事"的结构包括时间、空间、人、物、行为、信息、意义、习惯。也就是说，设计行为的发生必然与设计师以及特定的目标、任务、场地、时间约束、对象等二维、三维乃至多维的要素紧密关联，人和事处在同一时空结构之中。他同时看到，空间亦非仅仅是"事"发生的物理场所，在"事"的结构里，空间（时间）有着超越其物理层面的意义，也就是设计产品蕴含的意义、价值或者人文习俗。而且特定的人物、布景、道具、氛围构成了不同的空间，人的行为亦被空间规范，需要在空间与行为之间找到适合的关系。换句话说，每一个设计项目从策划到最后完成，都是在特定条件下寻找规则所允许的合理解决方式。当设计物化成为时间和空间里的对象时，它就成为人精神的投射，或者反过来影响人的行为方式。例如日本设计师深泽直人设计的"鞋底包"，就解决了干净的手拎包不能放在地上的担忧，在公交车和地铁上，人们就可以放心地把包放在地上了。

柳冠中将设计活动中的具体项目理解为"事"的结构。在这个结构里，"人"是具体的消费者、使用者，无论男女老幼，无论什么身份，也无论秉承怎样的观念与思维习惯，只要能够确定他们的生活所需，我们就可以借助设计的手段，在"行为与信息"的综合判断中建立他们与物和外部环境之间的纽带。柳冠中的这层表述实际上是建构人（内部）与环境（外部）因素之间的内在逻辑。他认为，尽管"意识里的世界"与"环境中的世界"每一时刻都进行着信息的交换、打散、重组、混合，而我们每一时刻都在进行着适应性的选择、决策、行动，但在日常生活中，这一系列的人、物、事件、话语、行为、意义等都处在"事"的结构内。也就是说，在设计活动与行为中，设计师或消费者内在的意识世界通过"行为"影响、改变外部环境世界，外部环境世界通过"信息"进入人的意识世界。在他看来，人正是通过"行为互动"与"信息交流"才与物、他人或外部环境发生特定关系的。

由上述关系而生的意义，也正是设计行为的意义，这是因为设计行为的"原因与目的"指向设计实践本身，是为解决问题或提供具体服务而产生的意义，所以"事"——设计行为、设计实践和设计结果，都可以成为意义的载体。当然，设计的意义多种多样，比如不同造型的家具有着相同的意义，它们都为人的生活便利服务；相同的建筑空间因为人为需要而被划分成不同的空间，因此就有了不同的意义。这样来说，设计行为中的创意和想法都会在过程中产生多样的意义，相伴而生的还有情感与价值判断。但就实体的器物或工业产品设计而言，产品规定于它所有用的活动的性质，也就是工业产品是在一定技术规约和设计原则约束下的产物，它的有用性，即意义的生成基础受到一定的现实条件的限制。

柳冠中认为，设计创造的其实不是"座"（物——名词），而是"坐"（行为——动词）。这是非常重要的观念转变。传统的设计观念认为，设计创造的是有形之"物"，但现代设计创造的是良好的生活方式、人际关系和生态环境。简言之，人与人之间、人与物之间的相互关系就是由设计行为产生的"事"。这样，我们就可以发现设计之"物"的复杂性源自"事"本身的复杂性。因此，现代设计师需要认真思考"物"之间究竟有哪些不同，为什么不同，也就是"物"之外的和"物"背后的相关因素，到底是什么人（主语）在什么时间、地点（时间、地点状语）和什么社会环境下（语境、背景和条件），与这个"物"发生了怎样的关系？这就是"事"。总之，通过"事"可以看到"事"背后的人的动机、目的、情感等。因此，"事"其实是一个更大的系统或关系场。

既然我们把"事"看作一个"关系场"，那么其中的任何一个元素都是因为与其他元素的合理关系才被确定下来的。关系既是被选择者又是选择者，既是施动者又是受动者。同样的道理，一件工业设计产品之所以被生产、制造出来，也是因为它与特定的人、时间、空间、行为、信息与意义之间存在合理关系才能被最终确定的。产品反映了设计行为的关系结构，它的具体形式（造型以及如何存在）恰恰是设计行为与关系塑造的结果。反过来，在设计创造产品或提供设计服务时，应该将其放在特定的关系场中去考察。换句话说，要探求工业设计产品的意义，就应该去探求设计行为及其各自的关系场。由此可见，设计行为和设计的关系场，是工业设计产品存在的合理性缘由。基于上述理解，柳冠中教授认为：（1）设计方法的本质也就是在"事"的关系脉络里去研究、发现、理解，才能创造出合情合理的"物"。（2）"事"是塑造、限定、制约"物"的外部因素，因此设计的过程应该是"实事—求是"。（3）设计首先要研究不同的人（或同一人）在不同环境、条件、时间等因素下的需求，从人的使用状态、使用过程中确立设计的目的，这一过程叫作"实事"；然后选择造"物"的原理、材料、工艺、设备、形态、色彩等内部因素，这一过程叫作"求是"。（4）"实事"是发现问题和定义问题，"求是"是解决问题；"实事"是望闻问切，"求是"是对症下药。

柳冠中认为，在当代体验经济、服务经济、信息经济的时代，从设计之"物"到设计之"事"，更多的设计是在创造"事"，而不仅仅是"物"。这一点笔者在前文论及交互设计时已有所提及。综合来看，实体工业产品设计的体验与虚拟产品的交互，其重点已不再是产品本身的功能，而是通过"事件"或"故事"的形式在有形物质之外创造消费者的心理体验和应有的意义。当各种具体的设计行为（活动）被某种目的或规则有机组合在一起时，产品设计的形态（语意）和意义（语义）就得以显现。

值得注意的是，柳冠中将设计的"事理学"视为一种方法论而非方法。在他看来，"方法"是将目的、途径、策略、工具和操作技能进行选择性的组合，而"方法论"则是针对具体的问题去设计具体的方法。因此，他提出作为协调"关系"的设计思维方式是从"造物"转为"谋事"，或者说是"超以象外，得其环中"。正因为设计是一种创造行为，是创造一种更为合理的生存或使用方式，所以设计事理学中"设计的关系与机制"这一内容非常重要。一般来说，设计是一种从器物层到组织层，再到观念层的循环，它要解决物、关系和目标之间的相互转化问题。其中，物是显性而又丰富的对象，这不需要太多的解释；关系就比较复杂了，它包含人与物、人与人的社会结构、机制和系统；目标也比较好理解，就是我们的理想和思想。设计中的事理学就是将设计行为理解为协调内外因素关系，并将外在资源最优化利用及创造性发挥的过程。这也正是工业设计的本质：重组知识结构、产业链，以整合资源，创新产业机制，引导人类社会健康、合理、可持续生存发展的需求。当我们从设计本源的角度去探讨对设计的认识以及我们如何从设计的结构和情理角度去解决问题时，我们就进入了设计的"事"和"理"。

作为方法论的事理学，其本质是重组知识结构、整合资源，这是知识经济时代创新设计的中心话题之一。因为知识经济社会的多元化为 21 世纪的创新设计提供了多元化的视角和新的设计实践领域，所以知识经济有许多可以启迪人再去创造的新知识和机会。在开拓新的研究方向时，知识结构重组、文化资源重组以及知识体系和资源利用就有了更多的可能，也就是说有了更多满足市场、文化、心理等需求的机会。在这一历史背景中，知识经济时代设计领域的事理学以其"人为事物科学的方法论"的定位，将设计当作科学的、系统的、完整的知识体系加以研究，这在中国社会经济与文化转型的时期就显得特别有实践意义。尤其是对正在寻求前沿理论增长点的中国设计而言，设计事理学的方法论若真正发挥作用，那么它将从根本上重组资源和知识结构，并赋予中国当代设计理论以更多的实践价值。

柳冠中将事理学作为一种方法论，曾在 21 世纪初期就开始结合汉字字体演进规律探讨过其中的事理。在从"物顺事理"到"人为事因"的推导中，柳冠中首先理顺了事理学研究的具体内容，即每一环节之间（子系统）互为因果的关系和构成特定文化艺术形式系统的结构原理，也就是汉字的前后继承关系以及汉字造型结构的文化与艺术内涵；然后再系统地审视历史上的现象或物、史实或形式、工艺或文化，将某一物或器表面上的纵向发展与当时相关或似乎不相关的"事"与"理"进行比较分析，即可将特定目标系统结构揭示出来，这就是人为事物科学——事理学研究的目的。后来，其他研究者都将事理学作为一种方法论，对诸如包装设计、产品设计、汽车内部空间设计、景观设计、厨房用具设计、APP 交互设计等进行研究，有兴趣的读者可查阅中国知网或从其他途径阅读，这里就不再赘述。

虽然事理学以人为事物科学的理论建构为己任，但正如有研究者所指出的那样：作为一种设计方法，事理学的思维模式和操作程序仅仅是一个大的设计过程中的第一大步，是一个重要的组成部分，而不能解决全部问题；立足于工业设计的立场，事理学还缺少对审美的判断；事理学在按照西蒙的设计方法论展开实践的同时，在研究方法上却仍然采取一般人文学科研究中的质性研究（很多时候甚至是感性）方法。从上述内容来看，事理学既然是研究人为事物的科学，那么就应该发挥理工科领域研究者注重调查数据、实证的特长，在设计艺术学界引入 SPSS 软件进行高级统计的

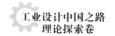
定量研究方法，而不是停留在哲学、美学等形而上的"思辨"上，这更能增加事理学研究结论的说服力。定量研究方法属于理工科领域采用的研究方法，如果能增强与"事"相关的"理"的阐释，改变"事""物"多而"理"少的局面（从本节所引述的内容来看也是如此），那么事理学理论也会显得更加饱满。

第三节　协同与服务观念的设计理论

人之所以能构成社会并延续至今，首先就在于"协同"，在于彼此"服务"。从经济学的角度看，人与人之间协同和服务的动力源自彼此需要对方的价值。正如马克思看到的资产阶级社会那样，任何个体都是各种需要的整体，并且就人与人互为手段而言，个人为别人而存在，别人也为他而存在。人与人互为手段，这是协同的本质；人为他人而存在，这是服务的内涵所在。工业社会以来的现代设计，其服务的核心要素就是大众化的"人"。围绕"人"，我们可以看到，设计的目标或任务是为人服务，为人服务的方式之一就是协同，而服务和协同之所以得以完成，就在于"设计"本身，因为设计也意味着创造和应用：将创造的知识通过协同的方式应用在为人的生产生活服务上。这样的逻辑应该比较清晰明了。正如有研究者所说，人比其他动物的进步之处主要体现在其能创造性地应用知识的能力上。创造性的知识应用，引发了社会分工，形成了人类社会的多样性，凸现了社会进步的增长极。增长极是社会经济系统中最具活力、竞争力最强的部分。产业的形成与发展就是从增长极开始的。产业结构的调整，就是促进增长极快速壮大与扩展的过程。社会层面的分工是知识应用的直接产物，有分工就有协同，分工越细，协同的内容层次也就越丰富，人类社会的多样化由此形成。当每一层次上的内容达到一定规模时，网络状的产业（结构）也就形成了。

工业设计就是网络状产业链上的一个分支。分工后的人不停地编织着这个越来越庞大的网络。直接为人服务的工业（产品）设计将人的需求放在首位，以消费者的体验、感受、特点和喜好为切入点，发掘尚未被人意识到的需求。这正是工业设计企业开发新产品时需要找到的切入点。只有当工业设计师借助高科技手段为产品赋予良好的设计时，消费者或用户才能真正享受到设计所带来的舒适。因为工业设计包括工程设计、造型设计两大内容，所以需要有系统的管理模式才可能有效地对产品结构、功能和形式以及产业结构进行规划、设计并不断调整。由设计创造的成果，需要充分适应、满足"人"的需求，而"人"的需求永远不会停留在某一点或者某个层面上，从这个意义上讲，工业设计本身是需要不断"再设计"的行业。再设计的真正任务，是不断调整并满足消费者在更新生活方式中的需求，以便让产品真正符合以人为本的服务目标。进入 21 世纪以后，由于计算机技术和中国经济持续快速发展，再加上对生产效率和协同服务的要求，一套被称为"4C 集成服务模型与平台"的系统被研究者建立起来。

所谓 4C，就是 CAD、CAE、CAPP、CAM 的简称，分别是计算机辅助设计、计算机辅助工程、计算机辅助工艺过程设计、计算机辅助制造。4C 系统是组成产品开发过程的必要功能系统，4C 的集成也一直是提高设计效率、缩短设计周期的关键环节。在网络化协同设计的大环境下，4C 系统其实是多层次服务的过程集合。按照研究者的设定，该系统的模型分为上下共 4 层结构：最上层是预处理层，描述了参加协同设计的企业用户的准备过程，包括联盟建立、服务需求分析、项目分解和协同数据准备。当预处理工作完成后，则可进入用户的自组织和自控制层。这一层采用一种由用户对项目进行自组织和自控制的过程机制，由用户自主地通过浏览器界面使用平台所提供的各项技术与管理服务，从而适应网络化设计环境下 4C 集成的动态化和多样化需求。第三层是平台的服务代理层，平台的服务引导机制基于运行在后台的服务代理来实现。第四层是供服务代理调用的基本组件层，包括各种数据模型、集成工具集、公共组件、界面模板，以及底层数据库等。多层次结构模型显示出的是技术与管理网络化的服务策略。如果从整个工业设计的过程来看，产品造型设计处在该服务模型的第三、第四层，特别是第三层中的"应用服务"模块，将网络经济时代的产品数据纳入 4C 系统中共享，突出了协同设计服务的价值。

从产品制造业可持续发展的创新服务出发，另外一些研究者建构出为协同服务的新型商业模型框架。该框架反映了协同服务是由产品与服务结合而来的。实现产品全生命周期的服务管理是制造企业对客户服务的最高形式。在信息化时代，协同服务及其支持系统是实现产品全生命周期服务的理想支持系统，不论是在客户服务的方便性、服务内容的广泛性，还是服务效率的高效性等方面，都是其他任何一种传统的服务方式所无法比拟和实现的。在这里，研究者将协同与服务合并为一个概念，其实是将服务视为工业化中的一个系统工程，该工程面向产品功能、可靠性和效益服务；而围绕产品形成的"产品工程"和"工业工程"以及协同服务（捆绑式服务）及其工程，构成了工业产品设计协同服务及其支持系统的主要内容。从这套协同服务系统中，我们看到服务产业随着工业化的进展在不断发展壮大的同时，也带来更加细致而综合的服务。这也是工业化时代服务产业能与农业、工业并列并被称为第三产业的主要原因。这一框架同时也能够解释为什么工业设计可以是生产性的行业，也可以是服务性的行业。衡量一个国家或地区现代化经济发达程度的重要标志就是第三产业的比重，而作为第三产业中重要组成部分的设计行业，尤其擅长为第一、第二产业中的产品、部门和商业单元提供专业服务，故而可以将其当作连接现代社会各个行业、各个社会组织与机构的纽带。由这种纽带编织成的生产与服务网络，正是设计所需的生存土壤。概言之，通过工业设计的生产与服务，生产制造与消费者、用户之间就有了共享的资源和空间。在技术持续升级的情况下，工业设计的服务水平与质量也会保持相应的竞争力，努力实现生产与消费双方作为利益共同体而处在一个相对平衡的状态之中。

如前所述，协同还意味着资源共享。产品越复杂，需要共享的资源就越多，需要协同的内容就越庞杂。如果没有相应的分类协同与管理机制，制造复杂的产品（如航空母舰、航天器）将是一件难以完成的工作。为此，有研究者在中国工程院院士李伯虎等人提出的一种面向服务的网络化制造模式——云制造的基础上，提出了一种面向复杂产品协同设计的方法，借助云制造中间件技术，在复杂产品设计过程中引入富含语义的 Web 服务，通过结合事件驱动服务模型和语义服务逻辑图对服务组合过程进行描述，有助于进一步解决复杂产品设计过程中分类协同、信息资源共享和知识重用问题。从中可以看出，无论产品工程与设计过程有多复杂，其最基本的思路仍然是协同与服务。只不过，与工业时代的设计服务相比，云时代的产品设计在服务内容上更加丰富，资源和信息共享的服务量也大为增加；在设计服务意识上，正在走向人本主义和个性化；在设计协同的力度和方式上，则显得更为高效、迅速和产品虚拟化。通过云服务，以工业设计为主的设计服务业将原来的协同任务模块化重组后再提出分配。

上述想法由陈健等研究者提出并整理成《工业设计云服务平台协同任务模块化重组与分配方法》一文，其核心思路是，在分析云服务平台协同任务与服务资源特点的基础上，给出任务模块化重组的计算方法与实施框架。通过采用权重有向图与设计结构矩阵结合的方法，定量分析子任务间的信息交互强弱关系与耦合关系，实现对子任务的模块化重组。同时，建立趋向矩阵对资源执行任务的综合能力与任务之间的相对重要度进行评估，将趋向矩阵转化为执行矩阵，得出模块化任务与候选

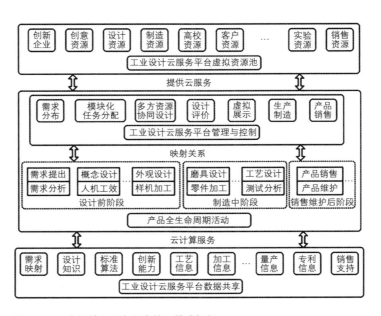

图 5-1　工业设计云服务平台协同模式框架

资源之间的匹配映射关系，并找到最优的虚拟资源组合方案。该方案以任务协同和服务资源为方案实施的基础，采用相应的数学计算方法，对具体的工业设计项目任务进行分解，综合分析，找到任务与资源匹配的最优解，从而达到有效产品设计的目标。从中可以看到，从一个工业设计项目到经济全球化以及中国经济市场化的环境，由协同服务产生的竞争力显得尤为重要。企业之间，既有竞争，又有协同，如此才能互补共生。

综上所述，在市场经济条件日趋成熟的中国，商业化竞争正在从排他式竞争向协同式竞争转型。在协同式竞争中，工业设计师或设计师团队能更充分地取长补短，更有效地促进企业和社会的进步与发展。与此同时，协同式的竞争也培育了许多新的经济增长点，形成新的动力源。随着经济全球化和竞争秩序的合理化，互联网为每个国家和地区带来新的经济环境与合作共赢模式，这就要求企业不断调整自己的经济结构和定位。乐观地说，在互通有无的信息时代，服务经济提供的新型平台，既拉近了企业与企业、企业与客户间的距离，又建立起企业与客户间的协同关系，而且还改善了整个社会关系，从而进入协同与服务的高级经济形态社会。未来，企业在考虑自身利润的同时，还要考虑社会利益最大化和客户利益最大化，否则就难以生存和发展。前文述及的可持续发展的核心就是协同共存，在给他人留下生存资源的同时也获得自己的生存空间。

第四节　工业产品设计中的身心体验

工业产品设计最终需要走向市场，而消费者是产品流通环节中关键的身心体验者。所谓体验，是人通过切身经历而形成的实践认知，这样的认知成为体验经济时代企业开展经济运营工作时所必须遵守的一个经济规则，因为体验经济是顾客经济，是让顾客全面参与和感受的经济。体验经济是市场经济走向完备化的标志，是服务经济的一种延续，同时又是信息网络时代的必然产物。暂且不论体验经济是否是市场经济走向完备化的标志，是否能让顾客全面参与和感受，作为个体的顾客，其体验在某种程度上应该是带有感性色彩的体验。故而当我们在体验之前加上"身心"二字，"身心体验"就进入了审美的范畴。事实上，早在18世纪30年代，德国美学家鲍姆嘉通就已提出"美即感性"的观点，表明美与理性是一组相对的概念，其中蕴含着审美活动与日常生活之间存在的直接性。这为我们探讨体验经济时代个体的日常审美和体验设计之间的关系提供了重要参考。由于审美是基于个体视角而产生的感知、欣赏、鉴别和判断的体验行为，而工业产品设计又希望消费者参与流通环节并留下美好的体验，因此让消费者从旁观者向参与者转变，以期获得产品质量优化的相关参数和指标，就成为产品生产商与工业设计师共同努力的目标之一。

工业产品设计中的身心体验，也就是工业产品的体验设计，本身就已经将身心的主体——消费者纳入整体考察范围。在体验经济时代，这样做的理由或许不言而喻：一方面是对消费者也就是审美缘起的尊重，另一方面也是对"精英"审美观念的扬弃，因为部分人以精英姿态规定所谓标准的美学法则，认为大众缺乏专业的审美训练，由此断定他们没有审美判断力或审美品位低下。今天看来，这样的标准并非明智之举，在人人都有消费需求的多元共存的时代，审美的标准不可能做到"一刀切"，美已成为大众体验日常生活的一种重要方式。因此日常生活的审美体验视野下的体验设计将面临两个主要挑战：一是设计师如何处理体验设计与日常生活的交融共生关系，二是在数字化时代如何解决设计对象在现实物理世界与虚拟数字世界中的完整性问题。前者在"体验－人－生活"模式中进行，后者在"现实－人－虚拟"语境中展开。

就体验生活这一点来说，从美术家群体中分离出来的中国产品设计师早就形成了这一传统。譬如1982年，杭州胜利丝织厂的唐培仁在《丝绸》杂志上发表了《谈设计人员体验生活》的文章，提出怎样有计划、有目的地组织设计人员更好、更有效地体验生活的问题，认为设计人员必须深入了解消费者不断改变的衣着和欣赏水平，也就是国内外市场的流行情况及其趋势。2002年，《经济日报》的记者发表了一篇综合新闻报道《中国企业工业设计的新理念——体验设计》，介绍了"2002 年国际工业设计研讨会"上提到的体验经济和体验设计。该记者综合此次会议专家的观点，给体验设计下了一个定义：又称主题体验设计，就是为企业创造一种能使消费者在商业活动过程中感觉到的美好体验，并留下深刻回忆、值得纪念的产品及其商业娱乐活动的设计。其中的核心字眼是商业活动、美好体验、设计。

至于体验经济，美国思想家阿尔文·托夫勒早在 1970 年的《未来的冲击》一书中，就将其与农业经济、工业经济和服务经济相提并论，认为体验经济是最新的经济发展浪潮。在这轮新的经济发展浪潮中，工业产品的体验设计表现出游戏化、娱乐化、人性化、互动参与性、非物质化、虚无性、情感化、纯精神性等特征。这些特征其实已经说明，21 世纪以来体验设计在人的生活中几乎无处不在，虽然多少有点泛化的意味，但这些体验与日常生活审美融为一体，容易被大众接受，却是不争的事实。美国著名哲学家杜威认为体验就是艺术，体现在优良的木匠、领航者、医师和军事长官的鉴别力和技巧中。他的意思是，体验具有美的性质，一种体验之所以美，是因为它集技巧、统一、判断力、丰富和积累于一体；也正因为如此，体验构成了意识、思考和理论的基础。

同样，日本工业设计大师荣久庵宪司也认同设计的审美体验与日常生活的紧密关系。他认为，设计有可能并且必须做的事情是，创造一种与日常生活、家庭生活、全球化生活和工作场所的环境相适合的新生活图景和新的生活方式。设计师的工作是创造新生活，更确切地说，是让消费者或用户更好地体验设计带来的美好生活。根据《中国工业设计发展报告（2014）》，在近年来出现的许多新的设计理念与方法中，体验设计是最受关注的焦点，这一焦点致力于探索和设计用户（以及一般意义上的消费者）、产品（或服务）和制造商（或提供者）之间全面的交互与协作关系。在这种关系之中，参与者的审美体验是核心内容，因此从消费者心理和行为角度出发，首先把人的需求转换成对身心所蕴含的美或生命力的体验。这种转换反映在美术、音乐、舞蹈和影视作品中，容易将观者带入沉浸状态，但是在工业设计领域，由于有使用的要求，因此有研究者认为，参与者或用户能够与产品"互动"的前提是易用、好用以及融合，然后才会进入沉浸状态。易用指容易使用；构成好用的因素有人的行为习惯、规律、人机关系等；融合的目的在于共同完善和促进用户体验的提升。近年来在自主开发、设计产品的流程中，设计师已经自觉地认识到产品的"易用"和"好用"的重要性。从这一点看，基于交互设计理念的工业产品可以通过人体的感觉器官来完成对产品的体验。例如，用户在驾驶过程中可以通过语音技术来控制车辆开窗、播放音乐、调节座椅等，由此增强用户的驾驶体验。研究者继续断定，在目前的工业设计领域，设计和实施的主导者仍为工程师和产品经理，这让他们局限于可用性的基本层面，高层次的融合中包含人类复杂的情感因素，而情感因素需要通过艺术而非技术的方式解决，因此，工程师注定不能成为用户体验设计师。由此可见情感在工业设计领域的重要性。以职业划分来断定工程师不能成为用户体验设计师，固然有失偏颇，但许多事实也印证了这一点，即个体的职业身份不会轻易发生变更，这就保证了必要经验的积累。

上述体验设计研究均在实体产品上进行，实现的是体验设计与日常生活的交融共生关系。接下来需要关注的是设计对象在现实物理世界与虚拟数字世界中的完整性。可以预见的是，进入人工智能时代后，全世界会有越来越多的数字化产品出现，人们每天接触的可能都是虚拟的产品。譬如 AR（即增强现实技术）形态的图书就是类似的虚拟产品。2016 年中国青年出版社出版的"AR 亲子互动百科系列"图书，就是将增强现实技术引入纸质图书中，让其具备了智能图书的性质。这类图书在纸质图书单一图文形式的基础上，集成了图像、视频、声音、动画等多种虚拟内容，电子设备和真实读物的参与配合带给读者虚实融合、实时交互的阅读体验，有效地提高儿童的阅读记忆。不过，囿于当下虚拟技术的限制，这类图书必须配合移动设备上的 APP 程序才能识别书上的特定图像，在短暂新奇之后，儿童对此就失去了兴趣。

在与数字构成的虚拟产品形成的互动关系之中，交互行为作为用户体验设计的要素之一，可以是主要内容，但同时也构成产品体验关系中最为基础的部分，因为交互只是一种行为方式，而体验才是实质性的内容。好在 AR 只是技术发展的一个阶段，未来更加智能化的虚拟产品将会为人们带来一个全新而且能够真实体验的环境。

法国社会学家马克·第亚尼认为，设计师的作用不是创造作为结构支撑物的新产品，以服务于一个非物质文化，而是维持一个绝对可靠的环境。在发明一种新事物之前，设计师必须保护每个人的现状，使之自动地和轻松地参与到今日那富有诱惑力的非物质世界中。如今，人与虚拟产品之间的关系远比第亚尼所处的时代复杂，但我们从人机对话关系已经可以预见，未来科技塑造的真实存在可以成就真正无障碍的设计，设计的多元与包容，将为不同需求的用户带来良好的体验。设计不再是单纯指向功能，它的主要任务是营造良好的身心体验环境。换言之，体验者的身心转化为连接物理世界和虚拟世界的界面，通过这个为我所用的界面，用户的体验价值将更好地塑造所需的产品。它不再是机械的工业产品，而是人类的智能产品。当产品外在的物理形式承载的语意与功能之间的关系趋于弱化时，人的体验就会逐渐强化为产品存在的基础，因此形成的审美体验，也会超越物质化的审美形式，而形成一种基于多元时空、信息和行为的互动审美体验。在这一进程中，从实体产品到虚拟产品，从触摸到感官交互，本质上都是在营造一种虚实共生的审美体验环境，其中人所能感知到的真实性就构成了体验设计的基础。设若真有那么一天，人们身处虚拟之境，那种超时空的体验会形成怎样的意义世界？人，还是那个营建了千年物质世界的人吗？

结束语

2010 年，中国成为世界第二大经济体；2013 年以来，中国连续三年成为全球货物贸易第一大国，2016 年仅次于美国，2017 年再度成为第一大国；从 1978 年到 2013 年，中国经济连续 35 年每年平均增长接近 10%。这三个重要的经济成果，都发生在中国实施改革开放政策之后。如果将改革开放 40 年来的历史成就置于近百年来中国工业化发展的历史长河之中，我们就会发现，制度、经济和科学技术是中国社会快速前进的主要推动力。

制度是经济发展潜在的重要规范，暂且存而不论。我们首先快速回顾中国工业化经济的基本状况。在梳理历年来的相关研究成果时，我们看到，自晚清起，虽有资本主义和西方工业化的影响，民族资本家也曾建立了工业化的生产企业，并取得了前所未有的成就，但总体上是分散而零星的行为；从中华人民共和国成立后奠定中国社会主义工业化的基础，到 1978 年中国所走的社会主义工业化道路，事实上是苏联工业化之路的翻版，其中有根据国情而给予的相应调整，并以此建立起一个相对独立且完整的国家工业体系。从 1979 年到 2000 年前后，中国经济力求按照客观规律发展，坚持速度与效益、生产与流通、供给与需求"三统一"的原则，使得工业各部门之间的关系趋于平衡，并逐步走出一条富有中国特色的工业化之路。其中最重要的变化之一就是生产资料工业向消费资料工业优先转移。来自制度深化改革的成功，让中国迅速从落后的农业国向工业化生产大国迈进。

不过，在看到中国工业取得实质性飞跃发展的同时，我们还要清醒地认识到中国在工业化发展过程中长期存在的问题和矛盾。其一，工业经济结构不良。突出表

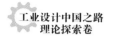

现在基础工业总体上滞后于加工工业，产品存在供大于求的情况，产业升级滞后，工业产品附加值低，专业化分工协作程度较低，工业地区结构趋同现象比较严重，等等。其二，中国工业总体技术水平不高。主要表现在具有国际水平的工业产品不多，工业装备水平不高，工业生产消耗过高，科研开发投入不足，技术进步机制不灵。其三，工业整体素质不强。主要表现在工业生产率低，工业经济效益低，资源损耗与工业污染严重。除此之外，其他问题还包括企业管理水平亟待提高，地方保护主义有待根治，面临实现工业化与知识化的双重挑战，等等。这些问题与矛盾都期待首先从理论高度进行处理并能迅速而有效地解决。

在科学技术方面，除传统工业产品生产技术外，20世纪80年代以来，随着计算机与互联网技术、光纤和卫星通信及多媒体技术的飞速发展，以信息获取、储存、传输、处理、演示为功能的各类物化与虚拟的新兴产品层出不穷，以信息服务为内容的信息产业迅速发展，网络购物、虚拟货币、在线学习、共享等改变了生产、流通、办公与商务乃至人们的日常生活方式，几乎影响到所有科学领域所涉及的手段和研究方式。人类进入信息化时代，这是工业社会的高级发展阶段，系统方法论由此导致整个社会的生产与生活方式发生了深刻变化，文化观念甚至也受到影响。而信息化又以知识为内涵，成为知识创新、传播及知识多样化应用的基本内容。实际上，信息化就是人类进入知识经济时代的前奏。

有了上述内容作为铺垫，我们对中国工业设计理论探索的回顾就显得更为直观。现代设计，或者说为大众服务的工业设计，相对于农耕经济时代的手工艺而言，就是一种以人为本的创新方法。设计师从市场或消费者的需求出发，从日常生活中汲取灵感。换句话说，工业设计将人的需求、技术的可能性以及实现商业成功所需的条件整合为一体。这在 20 世纪 80 年代之前是不可能存在的定义，只有到数字技术与管理的时代，工业设计的整体定位及其策划功能才被释放出来。清华大学美术学院蔡军教授认为，现在唯一的确定就是不确定。设计思维是一种帮助我们在不确定时代找到出路的方式，我们不是在现成的世界找答案，而是创造全新的解决方案。也就是说，设计思维直接面对解决方案，无论是从技术抑或艺术层面思考，还是从市场环境、用户需求入手，集中在工业设计这个关键点上，都是在不可能中寻找答案。之所以不可能，是因为设计师及其团队面对的是一个复杂的信息群，他们需要以正确的方式找出真正的问题。在这个过程中，设计师的意义才真正建构起来。从这一点上我们就可以看出，20 世纪 80 年代以前，中国并没有真正的工业设计师，如有，也只能是辅助性的设计师。他们与共享经济环境中的工业设计师有本质区别，前者想到的是如何美化共享单车，后者从共享经济的概念出发，看到的是政府决策、公共服务、道路约束等众多复杂因素的集合。因此，以人为本中的"人"，就成了复杂信息的集合体。

如此看来，西蒙在二十世纪六七十年代提出来的"人为事物的科学"，与今天的"工业设计"有某种意义上的类同：两者都包含社会的、理性的标准，从而让产品既有大众的共同需求，也有特定的专有功能。西蒙甚至看到模拟之物——我们可以将它理解为概念设计，可以不采用实体形式进行生产，而只要以思维实验的形式进行。这与今天所说的虚拟产品并无二致。实体与虚拟的产品都是技术生产下的人工物，都具有让用户认同的认知或观看属性。既然由"人为事物的科学"或"设计"创造的人为事物具有这样的属性功能，那么作为人工物的产品，其概念就有了规范性。我们着力阐释这一点的目的在于，工业时代的工业产品和知识经济时代（数字时代）的虚拟产品，本质上都属于人工物，都以设计者或用户的意向为基础，而意向就是一种价值判断，因此其内在的解释必然具有人为的规范性，也就是上文所说的"复杂信息的集合体"。总而言之，本书所涉及的中国工业设计理论，其探索着重于人与物、人与事、人与环境之间的种种关联，这种关联无论是实体产品还是虚拟产品，一方面离不开对史料的记述，另一方面，从本质上看，其实都源于人的日常需要和真实的体验。工业产品与日常生活设计的产生前提是无法分离的身心体验，它超越视觉、听觉而成为一种复合式的体验，最终成为设计的核心内容。正因为如此，工业产品设计与身心体验就成为设计实践及其理论思考的又一个新的美学起点。

专著

[1]　海德格尔.演讲与论文集 [M].孙周兴，译.北京：生活·读书·新知三联书店，2005.

[2]　罗兹曼.中国的现代化 [M].国家社会科学基金"比较现代化"课题组，译.南京：江苏人民出版社，
　　　2014.

[3]　帕特纳，富特.史学理论手册 [M].余伟，何立民，译.格致出版社，上海人民出版社，2017.

[4]　拉斯金.拉斯金读书随笔 [M].王青松，匡咏梅，于志新，译.上海：上海三联书店，1999.

[5]　罗素.西方的智慧 [M].马家，贺霖，译.北京：世界知识出版社，1992.

[6]　沈榆.中国现代设计观念史 [M].2 版.上海：上海人民美术出版社，2017.

[7]　惠特福德.包豪斯 [M].林鹤，译.北京：生活·读书·新知三联书店，2001.

[8]　格罗塞.艺术的起源 [M].2 版.蔡慕晖，译.北京：商务印书馆，1984.

[9]　贡布里希.艺术发展史 [M].2 版.范景中，译.天津：天津人民美术出版社，2004.

[10]　丹纳.艺术哲学 [M].傅雷，译.北京：人民文学出版社，1994.

[11]　雷圭元.图案教学的回忆 [C]// 宋忠元.艺术摇篮：浙江美术学院六十年.杭州：浙江美术学院出版社，
　　　1998.

[12]　哈贝马斯.作为意识形态的技术与科学 [M].李黎，郭官义，译.北京：学林出版社，1999.

[13]　萨迪奇.设计的语言 [M].庄靖，译.桂林：广西师范大学出版社，2015.

[14]　李砚祖.外国设计艺术经典论著选读 [M].北京：清华大学出版社，2006.

[15]　今道友信.关于爱和美的哲学思考 [M].王永丽，周浙平，译.北京：生活·读书·新知三联书店，
　　　1997.

[16]　大师系列丛书编辑部.阿尔瓦·阿尔托的作品与思想 [M].北京：中国电力出版社，2005.

[17]　莫霍利 - 纳吉.新视觉——包豪斯设计、绘画、雕塑与建筑基础 [M].刘小路，译.重庆：重庆大学出
　　　版社，2014.

[18]　张福昌，宫崎清.设计概论 [M].合肥：合肥工业大学出版社，2011.

[19] 中央美术学院设计学院史论部.设计真言:西方现代设计思想经典文选 [M].南京:江苏美术出版社,
2010.

[20] 斯帕克.设计与文化导论 [M].钱凤根,于晓红,译.南京:译林出版社,2012.

[21] 康德.康德著作全集:第 3 卷 纯粹理性批判 [M].2 版.北京:中国人民大学出版社,2010.

[22] 敦尼克,约夫楚克,凯德洛夫,等.哲学史:欧洲哲学史部分 [M].北京:生活·读书·新知三联书店,
1972.

[23] 马克思.资本论:第一卷 [M].北京:人民出版社,1953.

[24] 马尔库塞.单向度的人:发达工业社会意识形态研究 [M].刘继,译.上海:上海译文出版社,1989.

[25] 文丘里.建筑的复杂性与矛盾性 [M].周卜颐,译.北京:中国建筑工业出版社,1991.

[26] 奚传绩.设计艺术经典论著选读 [M].南京:东南大学出版社,2002.

[27] 瑞兹曼.现代设计史 [M].王栩宁,若娴达 – 昂,刘世敏,等,译.北京:中国人民大学出版社,
2007.

[28] 李泽厚.美学四讲 [M].桂林:广西师范大学出版社,2001.

[29] 李普赛特.共识与冲突 [M].增订版.张华青,等,译.上海:上海人民出版社,2011.

[30] 徐恒醇.设计美学 [M].北京:清华大学出版社,2006.

[31] 贡布里希.秩序感——装饰艺术的心理学研究 [M].杨思梁,徐一维,范景中,译.南宁:广西美术出
版社,2015.

[32] 王受之.世界现代设计史 [M].北京:中国青年出版社,2002.

[33] 郭廉夫,毛延亨.中国设计理论辑要 [M].南京:江苏美术出版社,2008.

[34] 柯布西耶.光辉城市 [M].金秋野,王又佳,译.北京:中国建筑工业出版社,2011.

[35] 杭间.设计道:中国设计的基本问题 [M].重庆:重庆大学出版社,2009.

[36] 汪亚尘.汪亚尘艺术文集 [M].上海:上海书画出版社,1990.

[37] 刘大钧.上海工业化研究 [M].北京:商务印书馆,2015.

[38] 朱光潜 . 西方美学史 [M]. 2 版 . 北京：人民文学出版社，1979.

[39] 朗格 . 情感与形式 [M]. 刘大基，傅志强，周发祥，译 . 北京：中国社会科学出版社，1986.

[40] 侯外庐，赵纪彬，杜国庠 . 中国思想通史：第一卷 [M]. 北京：人民出版社，1957.

[41] 朱熹 . 四书章句集注 [M]. 北京：中华书局，1983.

[42] 梁启超 . 中国近三百年学术史 [M]. 北京：中国书店出版社，1985.

[43] 李约瑟 . 中国科学技术史：第二卷　科学思想史 [M]. 北京：科学出版社，1990.

[44] 福柯 . 词与物：人文科学的考古学 [M]. 莫伟民，译 . 上海：上海三联书店，2016.

[45] 萨缪尔森 . 经济学：中册 [M]. 高鸿业，译 . 北京：商务印书馆，1981.

[46] 严中平 . 中国近代经济史统计资料选辑 [M]. 北京：科学出版社，1955.

[47] 杭间 . 设计史研究：设计与中国设计史研究年会专辑 [M]. 上海：上海书画出版社，2007.

[48] 孙中山 . 孙中山全集：第 6 卷 [M]. 北京：中华书局，1985.

[49] 伍德姆 . 20 世纪的设计 [M]. 周博，沈莹，译 . 上海：上海人民出版社，2012.

[50] 顾毓琇 . 中国工业化之前途 [M]. 上海：上海龙门联合书局，1949.

[51] 吴承洛 . 中国度量衡史：复印版 [M]. 上海：上海书店，1984.

[52] 王锺陵 . 中国前期文化——心理研究 [M]. 上海：上海古籍出版社，2006.

[53] 德鲁克 . 公司的概念 [M]. 慕凤丽，译 . 北京：机械工业出版社，2014.

[54] 韦伯 . 经济与社会：上卷 [M]. 林荣远，译 . 北京：商务印书馆，1997.

[55] 泰罗 . 科学管理原理 [M]. 胡隆昶，冼子恩，曹丽顺，译 . 北京：中国社会科学出版社，1984.

[56] 孙中山 . 孙中山全集：第 9 卷 [M]. 北京：中华书局，1986.

[57] 方显廷 . 方显廷文集：第 4 卷 [M]. 北京：商务印书馆，2015.

[58] 聂志红 . 民国时期的工业化思想 [M]. 济南：山东人民出版社，2009.

[59] 王亚南 . 王亚南文集：第 4 卷 [M]. 福州：福建教育出版社，1988.

[60] 宋正 . 中国工业化历史经验研究 [M]. 东北财经大学出版社，2013.

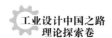

[61]　汤志钧.章太炎政论选集：下册 [M].北京：中华书局，1977.

[62]　布朗，布坎南，迪桑沃，等.设计问题：创新模式与交互思维 [M].孙志祥，辛向阳，译.北京：清华大学出版社，2017.

[63]　班纳姆.第一机械时代的理论与设计 [M].丁亚雷，张筱膺，译.南京：江苏美术出版社，2009.

[64]　司汉武.知识、技术与精细社会 [M].北京：中国社会科学出版社，2014.

[65]　本雅明.摄影小史：机械复制时代的艺术作品 [M].王才勇，译.南京：江苏人民出版社，2006.

[66]　《良友》画报丛书编委会.民国百行百业 [M].上海：上海科学技术文献出版社，2015.

[67]　莱夫特瑞.设计师的设计材料书 [M].武艳芳，王军锋，罗移峰，译.北京：电子工业出版社，2017.

[68]　易乾.飘摇的船：1900 年—1949 年的中国民族工商业 [M].北京：北京出版社，2004.

[69]　雷德侯.万物：中国艺术中的模件化和规模化生产 [M].2 版.张总，等，译.北京：生活·读书·新知三联书店，2012.

[70]　柯布西耶.走向新建筑 [M].陈志华，译.西安：陕西师范大学出版社，2004.

[71]　盖伊.现代主义：从波德莱尔到贝克特之后 [M].骆守怡，杜冬，译.南京：译林出版社，2017.

[72]　朱汉国.中国社会通史：民国卷 [M].太原：山西教育出版社，1996.

[73]　郭恩慈，苏钰.中国现代设计的诞生 [M].上海：东方出版中心，2008.

[74]　马克思，思格斯.马克思恩格斯论文学与艺术 [M].北京：人民文学出版社，1982.

[75]　福蒂.欲求之物：1750 年以来的设计与社会 [M].苟娴煦，译.南京：译林出版社，2014.

[76]　诺曼.情感化设计 [M].付秋芳，程进三，译.北京：电子工业出版社，2005.

[77]　上海市美术家协会.上海现代美术史大系 1949—2009：艺术设计卷 [M].上海：上海人民美术出版社，2015.

[78]　芒福德.技术与文明 [M].陈允明，王克仁，李华山，译.北京：中国建筑工业出版社，2009.

[79]　杨云龙.中国经济结构变化与工业化（1952—2004）——兼论经济发展中的国家经济安全 [M].北京：北京大学出版社，2008.

[80] 博厄斯 . 原始艺术 [M]. 金辉，译 . 贵阳 : 贵州人民出版社，2004.

[81] 杭间 . 手艺的思想 [M]. 济南 : 山东画报出版社，2001.

[82] 杜威 . 经验与自然 [M]. 傅统先，译 . 南京 : 江苏教育出版社，2005.

[83] 大卫·麦克里兰 . 意识形态 [M]. 2 版 . 孙兆政，蒋龙翔，译 . 长春 : 吉林人民出版社，2005.

[84] 马克思，恩格斯 . 马克思恩格斯论艺术 [M]. 曹葆华，译 . 北京 : 中国社会科学出版社，1982.

[85] 莫里斯 . 乌有乡消息 [M]. 黄嘉德，包玉珂，译 . 北京 : 商务印书馆，2007.

[86] 郑曙旸，聂影，唐林涛，等 . 设计学之中国路 [M]. 北京 : 清华大学出版社，2013.

[87] 麦克法夸尔，费正清 . 剑桥中华人民共和国史（1949—1965）[M]. 谢亮生，等，译 . 北京 : 中国社会科学出版社，1990.

[88] 张柏春，姚芳，张久春，等 . 苏联技术向中国的转移（1949—1966）[M]. 济南 : 山东教育出版社，2004.

[89] 陈湘波，许平 . 20 世纪中国平面设计文献集 [M]. 南宁 : 广西美术出版社，2012.

[90] 靳埭强，李昊宇 . 20 世纪 50—80 年代中国、德国产品设计回望 [M]. 北京 : 人民美术出版社，2014.

[91] 沈榆，葛斐尔 . 工业设计中国之路 : 电子与信息产品卷 [M]. 大连 : 大连理工大学出版社，2017.

[92] 汪海波，等 . 新中国工业经济史 [M]. 北京 : 经济管理出版社，1986.

[93] 马克思，恩格斯 . 马克思恩格斯选集 : 第 25 卷 [M]. 北京 : 人民出版社，1995.

[94] 叶振华 . 中国工业设计的二十五年 [C]// 《设计》杂志社编 . 中国工业设计发展十年优秀论文集，2012.

[95] 林毅夫 . 解读中国经济 [M]. 2 版 . 北京 : 北京大学出版社，2014.

[96] 波兰尼 . 巨变——当代政治与经济的起源 [M]. 黄树民，译 . 北京 : 社会科学文献出版社，2013.

[97] 柯林武德 . 历史的观念 [M]. 增补版 . 何兆武，张文杰，陈新，译 . 北京 : 北京大学出版社，2010.

[98] 歌德 . 歌德抒情诗选 [M]. 钱春绮，译 . 北京 : 人民文学出版社，1981.

[99] 曼奇尼 . 设计，在人人设计的时代——社会创新设计导论 [M]. 钟芳，马谨，译 . 北京 : 电子工业出版社，2016.

[100] 麦克卢汉 . 理解媒介：论人的延伸 [M]. 何道宽，译 . 南京：译林出版社，2011.

[101] 苏国勋，刘小枫 . 二十世纪西方社会理论文选：第 IV 卷 [M]. 上海：上海三联书店，2005.

[102] 德鲁克 . 管理的实践 [M]. 齐若兰，译 . 北京：机械工业出版社，2014.

[103] 王晓红，于炜，张立群 . 中国工业设计发展报告（2014）[R]. 北京：社会科学文献出版社，2014.

[104] 徐长福 . 理论思维与工程思维 [M]. 上海：上海人民出版社，2002.

[105] 周至禹 . 思维与设计 [M]. 北京：北京大学出版社，2007.

[106] 滕守尧 . 文化的边缘 [M]. 南京：南京出版社，2006.

[107] 第亚尼 . 非物质社会——后工业世界的设计、文化与技术 [M]. 滕守尧，译 . 成都：四川人民出版社，
1998.

[108] 滕守尧，聂振斌 . 知识经济时代的美学与设计 [M]. 南京：南京出版社，2006.

[109] 马凌诺斯基 . 文化论 [M]. 费孝通，译 . 北京：华夏出版社，2002.

[110] 马克思 . 1844 年经济学哲学手稿 [M]. 北京：人民出版社，1985.

期刊与报纸

[1] 陈凡，朱春艳等 . 技术与设计："经验转向"背景下的技术哲学研究——第 14 届国际技术哲学学会 (SPT)
会议述评 [J]. 哲学动态，2006(6).

[2] 周卫荣，黄维 . 试论青铜时代透空青铜器的工艺特色——兼谈失蜡铸造问题 [J]. 中国国家博物馆馆刊，
2015(1).

[3] 何晓佑 . HID——健康工业设计：英国著名皇家工业设计师 Alan Tye 先生的设计观 [J]. 室内设计与装
修，1993(4).

[4] 维克托 · 马歌林 . 装饰艺术家协会与 1925 年装饰艺术博览会，1918-1925[J]. 周志译，装饰，
2010(9).

[5] 陈勇平，王天龙，李华，等 . 宁波保国寺大殿瓜棱柱内部构造初探 [J]. 林业科学，2011(4).

[6] 陈真 . 现代主义设计结构与装饰的思考 [J]. 艺术生活，2005(3).

[7] 李朴园 . 美化社会的重担由你去担负 [J]. 贡献，1928，3(6).

[8] 刘巨德，王玉良 . 庞薰琹的装饰艺术论 [J]. 装饰，1993(3).

[9] 裘争平 . "钟表大王"孙梅堂与美华利时钟 [J]. 都会遗踪，2010(1).

[10] 张全之 . 在"民主"与"科学"的背后——重读《新青年》[J]. 福建论坛：人文社会科学版，2003(1).

[11] 曹汝平 . 抉择与启蒙：宁波华花圣经书房及中文金属活字印刷技术 [J]. 现代出版，2017(5).

[12] 张智泉 . 上海西式家具业的形成与变化 [J]. 家具，1994(5).

[13] 许美琪 . 海派家具的形成与特点（上）[J]. 家具与室内装饰，2012(5).

[14] 周予希 . 民国时期工艺美术家的室内设计实践探析 [J]. 艺术与设计（理论），2015(11).

[15] 孙海燕 . 八十年代：中国设计认知的解构与重构 [J]. 南京艺术学院学报：美术与设计版，2010(1).

[16] 尹田 . 论法人人格权 [J]. 法学研究，2004(4).

[17] 申卫星 . 优先权性质初论 [J]. 法制与社会发展，1997(8).

[18] 李金铮 . "土货化"经济学：方显廷及其中国经济研究 [J]. 近代史研究，2016(4).

[19] 姜维群 . 谈民国家具中的"洋符号"家具 [J]. 家具，2008(S1).

[20] 陈正书 . 上海近代工业中心的形成 [J]. 史林，1987(4).

[21] 沈榆，王震 . 华生牌电扇的设计追溯与研究 [J]. 装饰，2014(5).

[22] 黄元炤 . 庄俊：旧时代，中产阶级的贵气"古典"与"现代"功能 [J]. 世界建筑导报，2012(10).

[23] 张道一 . 辫子股的启示——工艺美术：在比较中思考 [J]. 装饰，1988(3).

[24] 李砚祖 . 设计之维——中央工艺美术学院工艺美术学系建系 15 周年 [J]. 美术，1998(10).

[25] 庞薰琹 . 谈当前工艺美术事业中的几个问题 [J]. 美术，1957(4).

[26] 王逊 . 工艺美术的提高和普及 [J]. 美术，1950(5).

[27] 王双元，姜学义 . 景泰蓝工厂工人的职业病调查报告及防护意见 [J]. 北京医学院学报，1959(3).

[28] 清华大学建筑系 . 景泰蓝新图样设计工作一年总结 [N]. 光明日报，1951-8-13.

[29] 张仃，陈之佛，雷圭元，等 . 要深入研究工艺美术的特性——1961 年 8 月 25 日座谈会纪录摘要 [J]. 美术，1961(5).

[30] 程尚仁 . 对工艺美术品设计的意见 [J]. 美术，1955(2).

[31] 田自秉 . 对于工艺美术遗产学习的一些意见 [J]. 美术，1954(6).

[32] 陶新良 . 我国第一辆军用摩托车的诞生——重型长江 750M1 摩托车 [J]. 摩托车，2000(10).

[33] 汪介之 . "社会主义现实主义" 在中国的理论行程 [J]. 南京师范大学文学院学报，2012(1).

[34] 赵农 . 设计与中国当代社会——中国现代设计历史进程的思考 [J]. 装饰，1999(4).

[35] 李尊贤 . 劳动密集型工艺美术大有可为 [J]. 装饰，1980(3).

[36] 哈崇南，毛兆明 . 形体的创造 [J]. 装饰，1988(4).

[37] 吴祖慈 . 谈设计的外观质量 [J]. 装饰，1988(2).

[38] 张寿，叶丹 . 工业设计与发展中国家的经济 [J]. 郑州轻工业学院学报，1992(4).

[39] 何晓佑 . 处在十字路口的中国工业设计 [J]. 艺苑：美术版，1996(4).

[40] 付鑫华 . 工业设计 [J]. 艺苑，1981(2).

[41] 王政则 . "工业设计" 概念探讨 [J]. 美苑，1983(2).

[42] 柳冠中 . 当代文化的新形式——工业设计 [J]. 文艺研究，1987(3).

[43] 朱崇贤 . 工业设计原理及应用 [J]. 机械设计与研究，1990(1).

[44] 虞海良 . 略论工业设计的美学特征 [J]. 无锡轻工业学院学报，1985(1).

[45] 徐恒醇 . 大力推广工业设计是我国经济发展的当务之急 [J]. 中国科技论坛，1991(3).

[46] 吴静芳 . 信息社会中的工业设计 [J]. 装饰，1985(3).

[47] 咸艺采访，黎阳整理 . 工艺美术及工业设计之辨——中央工艺美院召开工艺美术现状和前景讨论会 [J]. 美术，1989(1).

[48] 曾宪林 . 抓工业设计促轻工发展 [J]. 中国科技论坛，1992(1).

[49] 许喜华 . 工业设计——中国经济发展的加速器——二论科技成果商品化 [J]. 浙江大学学报，1996(4).

[50] 孙仲鸣，姚邹．工业设计中的安全性设计初论 [J]．地质勘探安全，1998(2)．

[51] 辛华泉．论构成 [J]．装饰，1980(6)．

[52] 曾凯．人机工程学研究什么 [J]．劳动保护，1980(1)．

[53] 潘云鹤，孙守迁，包恩伟．计算机辅助工业设计技术发展状况与趋势 [J]．计算机辅助设计与图形学学报，1999(3)．

[54] 卢克盛．绿色计算机的设计技术 [J]．计算机工程，1994(5)．

[55] 邓承斌，柳冠中，辛华泉．剪不断的关系——谈经济增长与工业产品设计观念的变迁 [J]．装饰，1988(1)．

[56] 吴英飞．CAD 技术与工业设计的发展 [J]．计算机应用研究，1997(3)．

[57] 柳冠中．造型基础训练的浓缩——西德雷曼教授工业设计教学经验介绍 [J]．装饰，1985(3)．

[58] 鲁小波．抓住机遇迎接挑战——加速发展工业设计教育的几个问题 [J]．装饰，1992(3)．

[59] 程能林，赵江洪，何禄桂，等．工业设计学科的建设 [J]．高等工程教育研究，1994(4)．

[60] 杨继明．后发社会的产业化和近代化——富永健一经济社会学理论简介 [J]．天津社会科学，1985(3)．

[61] 海尔企业文化中心．海尔：设计开发已成体系经济与信息 [J]．经济与信息，1998(9)．

[62] 许喜华．论中国工业设计的发展形态——产品化、商品化与生态化设计 [J]．中国机械工程，1999(12)．

[63] 远方．工业设计赋予企业生命蕴义的新概念——访中央工艺美术学院工业设计系主任柳冠中教授 [J]．中国科技产业，1999(1)．

[64] 王允方．我国企业产品出口中的知识产权保护问题 [J]．世界机电经贸信息，1997(5)．

[65] 汤重熹．创新设计：国家的竞争力——英国的工业设计与企业发展 [J]．装饰，2002(1)．

[66] 柳冠中．作为方法论的工业设计——再论"使用方式说" [J]．装饰，1995(1)．

[67] 黄旗明，潘云鹤．产品设计中技术创新的思维过程模型研究 [J]．工程设计，2000(2)．

[68] 李平．工业设计：一种交往文化 [J]．东南大学学报：哲学社会科学版，2000(1)．

[69] 辛向阳．交互设计：从物理逻辑到行为逻辑 [J]．装饰，2015(1)．

[70] 顾立平.个性化交互设计的研究综述 [J].现代图书情报技术,2010(11).

[71] 鲁丽丽.基于产品回收的绿色设计与基于产品服务系统的可持续设计之比较研究 [J].生态经济,
      2012(7).

[72] 张福昌,沈大为.工业设计在家具设计领域中的应用·工业设计的设计管理 [J].家具,1996(6).

[73] 周海海,陈黎.工业设计公司设计知识管理研究 [J].设计,2012(10).

[74] 李怡.基于成本——质量控制的工业设计知识管理研究 [D].中南大学,2011.

[75] 柳冠中.事理学论纲——概述 [J].设计,2013(9).

[76] 范文涛.从物理学到事理学的一些浅见 [J].系统工程理论与实践,1988(3).

[77] 柳冠中.论重组资源、知识结构创新的创造方法论——事理学 [J].室内设计与装修,2004(7).

[78] 柳冠中,蒋红斌.汉字字体演进规律及“事理学”初探 [J].装饰,2002(2).

[79] 祝帅.艺术设计视野中的“人工科学”——以赫伯特·西蒙在中国设计学界的主要反响为中心 [J].设
      计艺术:山东工艺美术学院学报,2008(1).

[80] 张基温.协同与服务——网络经济的两个最基本的概念 [J].科技情报开发与经济,2003(1).

[81] 张晓冬,杨育,李国龙,等.网络化协同设计环境下 4C 集成服务模型与平台研究 [J].中国机械工程,
      2006(10).

[82] 李鹏忠,张为民,Horst Meier,等.促进制造业可持续发展的创新服务模式——协同服务 [J].制造业
      自动化,2007(3).

[83] 贺东京,宋晓,王琪,等.基于云服务的复杂产品协同设计方法 [J].计算机集成制造系统,2011(3).

[84] 陈健,莫蓉,初建杰,等.工业设计云服务平台协同任务模块化重组与分配方法 [J].计算机集成制造
      系统,2018(3).

[85] 汪秀英.体验经济与非体验经济的比较分析 [J].中国工业经济,2003(9).

[86] 唐培仁.谈设计人员体验生活 [J].丝绸,1982(2).

[87] 李铁铮.中国企业工业设计的新理念——体验设计 [N].经济日报,2002-10-26(T00).

[88] 郑伯森. 体验经济与产品设计 [J]. 大艺术，2003(1).

[89] 刘毅. 中国市场中的用户体验设计现状 [J]. 包装工程，2011(2).

[90] 龙娟娟. 基于体验的 AR 形态学龄前童书交互设计探析 [J]. 中国出版，2017(16).

参考文献

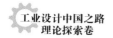

后记

　　对中国工业设计理论探索历程的研究实质上是一种反思的过程，只有当我们用理论的方法对其展开研究的时候，才能发现更多的规律、知识以及经验和教训。西方工业设计成熟的理论虽然具有高度的普遍原理，启发我们的思考，却也因此可能失去了在中国应用的部分价值和魅力。因此，回溯中国工业设计的理论探索过程，不仅是对西方理论的回应，更是未来建立中国工业设计理论体系的需要。所以其研究与写作要尽可能做到"一手文献、相关阅读、批判思维"。

　　能有机会撰写这本《理论探索卷》，源于我在上海大学美术学院读书时与沈榆的交往。我与沈教授一起承担编撰《上海现代美术史大系·艺术设计卷（1949—2009）》的任务。因为这本书主要以艺术设计门类为章节进行撰写，涉猎的范围比较广泛，所以课题组需要多方收集资料。在资料收集阶段，中央美术学院设计学院的许平教授刚好在筹备第二届"设计文献展"，他当时召集全国各地的设计史研究专家到京协商展览事宜。业师临时有事，遂让我代他去中央美术学院参加会议。

　　沈榆以中国工业设计博物馆馆长的身份，也参加了这次筹备会议并做了主旨发言。这是我第一次见到沈教授。记得那天听沈教授的发言，感觉他是一个有思路、有想法的人，给我留下深刻印象。回到上海后，我马上联系了沈教授，一方面是去参观中国工业设计博物馆，另一方面是向沈教授请教写作思路，同时也想收集一些写作资料。此后，我跟沈教授就有了多次交流，受益匪浅。

　　2017年夏初，沈教授邀我与他一起编写"工业设计中国之路"丛书，嘱咐我负责撰写《理论探索卷》。这是他承担的国家出版基金资助项目，分量很重。诚惶诚恐之际，我不揣浅陋，斗胆接下了写作任务。为帮助我顺利完成此书写作任务，沈教授除将整理好的部分文献发给我，还拟出思路供我参考：

（1）自 19 世纪末中国"被动现代化"以来，已经积累了大量与工业技术、知识和制度相关的文献资料，留存至今的工业产品就是这段历史的见证和载体。其中"设计"作为一种遗产，让我们有了将前人的终点当作新起点的历史责任。

（2）20 世纪 80 年代以来，中国工业设计理论与实践取得了丰硕成果，这些工业设计观念不会随着有形的工业产品更迭而消失，中国设计先驱在不同时期留下的思考，对于今天中国设计的发展还有着相当重要的借鉴价值。当下中国的设计仍然在这种历史的重叠中探索前行。

（3）但是也存在一些问题，如设计学理论梳理参差不齐，有必要对中国工业设计理论进行再认识，虽然我们可能无法提供解决问题的方案，但可以尝试为中国（工业）设计理论的历史提供可解释的方法或模式。正如科林伍德所说："历史的知识是关于心灵在过去曾经做过什么事的知识，同时它也是在重做这件事，过去的永存性就活动在现在之中。"

有了上述思路作为参考，本书的写作意图似乎就比较单纯了：以中立的态度梳理中国工业设计历史中已有的理论著述。然而当我着手写作时，才发现这个过程并不简单，单是参考文献和资料收集就花费了我大量的时间。刚开始，我一般是上午阅读，下午和晚上撰写，虽每日进展缓慢，但乐在其中；今春 3 月开始，课务杂多，阅读和写作时间被压缩，进展更慢。在写作期间，承蒙沈教授多次关心、鼓励、鞭策，

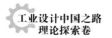

并与我讨论写作思路，才逐渐形成现在的写作提纲，在此深表感谢。

人们常说，理论之树是灰色的。只有一个解释，那就是这棵树没有落地生根，扎根于土壤的参天大树，必然是常绿长青的大树，哪能是灰色的呢？本书名为"理论探索"，意在让这棵不大的树尽可能从土壤中探索养分。从第一章"工业设计价值观探源"到第五章"21世纪的工业设计理论拓展"，篇幅不多，所涉及的话题，大大小小，也只有20个。我参照沈教授的建议，以时间为序，如同沈教授在《中国现代设计观念史》后记中所说的那样，从工业设计的"价值观"抑或概念，到与中国工业设计相关的理论基础，再到改革开放后的理论认知，最后到新世纪工业设计理论的新拓展，都尽量让这些话题之间保持内在的逻辑关系。

我力图严谨写作，公允述评。但限于自己学识粗浅，行文中必定存在错误或疏漏，逻辑上也有值得再推敲的地方，敬请同行专家和设计理论爱好者批评指正。如有更正的机会，当改正之。

最后向给予我支持的原单位（浙江万里学院文化与传播学院）和现单位（上海工程技术大学艺术设计学院）领导、同事致以谢意。

曹汝平

2018年7月